中国旅游业普通高等教育应用型规划教材

中国茶文化与茶艺

（第三版）

主编◎邹勇文　缪圣桂　艾晓玉　　副主编◎赵　彤　肖　刚　黄光辉

中国旅游出版社

序 言
一本忠于历史的书

欣闻缪圣桂和江西财经大学旅游与城市管理学院院长邹勇文博士等共同编写的大作《中国茶文化与茶艺》即将出版，希望我为其作序，当即应允。

江西财经大学是一座拥有悠久历史、办学特色鲜明、具有开拓和创新精神的高水平财经大学，而圣桂是一位推广茶文化事业非常努力的年轻人，这本《中国茶文化与茶艺》，是中国旅游业普通高等教育应用型规划教材，为江西财经大学等院校茶艺选修课程所用，这是在发扬中国传统优秀茶文化的道路上绽放的一朵灿烂的茶艺之花，特别让人欣喜！我表示由衷的祝贺！

中国是茶的故乡，也是世界茶文化的发祥地，数千年来，中国人除了对种茶、制茶的技术精益求精，对茶文化的研究也相当深入。唐代茶圣陆羽的《茶经》问世以来，历代不乏茶学专著，流传至今也有百部以上，这是中国茶文化特有的丰富遗产。近百年来，由于种种历史原因，茶文化研究出现了一定的断层，自改革开放之后，又渐渐复苏起来，有关茶学的著作层出不穷，有重品鉴、有重养生、有重器具，不乏图片精美、赏心悦目之作，但是真正碰触到茶文化精髓者，尚寥寥无几。

《中国茶文化与茶艺》可以说是一部内容比较丰富、比较全面的茶书。从中国茶文化发展脉络，中国茶区分布与生产概况，茶的种类、加工工艺及养生功效，茶叶的储存与投资价值，泡茶三要素到六大茶类的冲泡方法与品鉴、茶叶的审评方法、茶馆经营与茶产品销售等，洋洋大观，可谓应有尽有，诚然是一部有关茶的小百科全书。

这本书以科学的态度和历史的眼光，从有关茶的科学技术、历史人文到哲学，逐一阐述，突破了传统的写作方法，既全面反映了茶的发展脉络，又较准确地总结了当代茶的现状。综观整部作品，经纬秩然，语言清新，分则有序，合为经纶，是一部难得的既具有实用性、科学性、趣味性，又富有创意的茶学著作。

有关茶叶投资价值的课题也是其他茶文化书籍较少涉及的。由于近年来，某些茶叶已经从消费品变成了投资品，甚至奢侈品，人们炒作、收藏茶叶成了一股风潮。且不说这股风潮对茶文化的发展是否有正面作用，只从市场上仍然火爆的现象来看，还是有相当的茶友对投资茶叶有需求，这也是茶文化既理想又现实的一个层面吧。

中华茶文化是具有包容性的文化，它与宗教、哲学、历史、经济、科学、技术、旅游、建筑等都紧密地结合，形成了博大精深的内涵，成为中华民族传统文化重要的组成部分。

这本书作为高校的茶艺课程教材，无疑可以开阔广大高校学生的视野，提高大学生对我国传统文化内涵的认知水平和文化鉴赏力，既是一本好的教科书，又是一本向一般读者普及茶文化知识的优秀作品。

看到江西财经大学和缪圣桂的努力终于开出美丽的花朵，结出甜美的果实，茶文化的传承必定后继有人，中国传统优秀的茶文化将更加辉煌。祝福圣桂永远保持着一个茶人的赤子之心，在茶文化这条道路上勇敢向前走下去，也祝愿江西财经大学得天下英才而教育之。

明新科技大学荣誉教授 范增平

2016年11月6日序于台湾桃园十万轩竹影窗前

第三版前言

在中华民族悠久的历史长河中，茶文化犹如一股清泉，滋养着华夏儿女的精神世界。它不仅是一种饮品文化，更是一种融合了哲学、艺术、礼仪与生活的综合文化体系。随着时代的变迁，茶文化在不断的传承与创新中焕发出新的生机与活力。在此背景下，《中国茶文化与茶艺（第三版）》应运而生，旨在为读者提供一个全面、系统、深入的学习平台，以更好地传承与弘扬中国茶文化。

本书自第一版问世以来，受到了广大读者的热烈欢迎与好评。第二版在第一版基础上进行了修订与完善，进一步提升了内容的丰富性与实用性。然而，随着茶艺行业的快速发展与茶文化研究的不断深入，新的理念、新的技术与新的研究成果不断涌现，迫切需要对教材进行再次更新与升级。因此，我们推出了第三版，力求在保持原有框架与特色的基础上，融入最新的研究成果与实践经验，以满足广大读者日益增长的学习需求。第三版在内容编排上依然遵循第二版的结构体系，但各部分内容均进行了不同程度的修订与补充，以确保信息的时效性与准确性。

我们深知，茶文化的传承与弘扬需要每一位茶艺爱好者的共同努力。因此，我们衷心希望本书能够成为广大读者学习茶文化与茶艺的良师益友，为推动我国茶艺行业的发展与茶文化的传播贡献一份力量。同时，我们也期待广大读者在阅读过程中提出宝贵的意见与建议，以便我们不断改进与完善教材。最后，感谢所有为本书编写、修订与出版付出辛勤努力的同人与朋友！愿我们携手前行，共同书写中国茶文化的辉煌篇章！

编者
2025年1月

第二版前言

2017年，群策群力编写的《中国茶文化与茶艺》得到中国旅游出版的青睐，于当年5月出版。该书一经推出，得到读者的广泛关注。几个月前，接到中国旅游出版社的通知，希望能再版此书，以飨读者，吾等编者欣喜不已，从中也可以看出广大读者对茶文化与茶艺的热爱和推崇。我等亦不敢懈怠，立刻投入本书的修订工作当中。今日修订完成，虽略感轻松，但依旧惴惴不安，实因感到茶文化的传播与发展任重道远，吾等只能不断添砖加瓦，让中国茶文化发扬光大、源远流长。

茶"发乎神农，闻于鲁周公，兴于唐朝，盛在宋代"。水从天上来，茶从地上生。天地灵气，聚为一杯饮。烹茶品茗，雅俗共赏。遇有茶缘，益身润心。入口入心，天人合一。茶分六类，各有其香。天盖之，地载之，人育之。仁者爱山，智者爱水。琴茶相伴，优哉游哉。正如唐代诗人卢仝所作的《七碗茶诗》所言："一碗喉吻润，两碗破孤闷；三碗搜枯肠，唯有文字五千卷；四碗发轻汗，平生不平事，尽向毛孔散；五碗肌骨清，六碗通仙灵；七碗吃不得也，唯觉两腋习习清风生。"所以，得与天下同其乐，不可一日无此君。希望广大读者能通过本书，以茶修身，立德树人；以茶养生，健康长乐；以茶为伴，自省自持。

本次在原书的基础上做了以下修改：

其一，对全书再进行了一次反复校对，同时润色了语言，调整了层次，让文字更加顺畅，提升读者的阅读体验。

其二，更新了数据，将原本第四章第二节茶叶的投资价值中涉及茶叶生产和销售的数据全部更新为最新数据，以使广大读者能更清晰地了解我国茶叶的生产和销售现状。

其三，对第十一章和第十二章进行了合并，更名为"中国茶艺及其表现形式"，让内容更加连贯，结构更加紧凑。

其四，以本书为基础，编委拍摄了《喝懂一杯中国茶》的慕课在智慧树慕课网上线，广大读者可以通过下载"知道"App或登录智慧树慕课网免费观看相关视频。慕课让本书的内容更加直观，使读者对本书内容的理解更加透彻。

最后，感谢中国旅游出版社，感谢广大读者的厚爱。本书虽已二版，但依旧难免有疏漏之处，还望读者批评指正。

编者
2021年3月3日

前　言

中国饮茶之久、茶区之广、茶艺之精、名茶之多、品质之好，堪称世界之最，中国茶文化有4000多年的历史，源远流长。茶文化是中国优秀文化的重要组成部分，也是中华优秀传统文化传承体系的重要分支。中国茶艺不仅是传统艺术，还是中华民族传统文化的重要载体，不但传承我国不同时代的优秀文化，而且通过吸收与融合古代与现代文化、少数民族文化、宗教文化等，与时俱进，兼容并蓄，表现形式丰富多样。中国茶文化与茶艺承载着中华民族深沉的精神追求，对延续和发展中华文明，促进国家推行"一带一路"倡议和人类文明进步，发挥着重要作用。

发展中国茶文化与茶艺是深入贯彻落实中共中央办公厅、国务院办公厅《关于实施中华优秀传统文化传承发展工程的意见》的重要实践，是满足人民日益增长的物质文化需求的重要措施和提升国民素质的重要方式，也是增强大学生文化修养的重要途径。通过编写《中国茶文化与茶艺》这一教材，把中国茶文化与茶艺全方位融入思想道德教育、文化知识教育、社会实践教育等各个环节，贯穿于各教育阶段，有利于推动中国茶文化与茶艺的传播和发展，为中国茶文化与茶艺全面繁荣并走向世界奠定了坚实的理论基础。

目前，鉴于国内关于中国茶文化与茶艺的教材中理论与实践结合较弱，本书编者团队中不但有理论知识扎实的学者，而且有具备丰富实践经验的茶艺师，极大地提升了各章节的可读性、可操作性。本教材分为中国茶文化和中国茶艺两部分，共计12章。中国茶文化部分的内容主要包括中国茶文化发展脉络，中国茶区分布与生产概况，茶的种类、加工工艺及养生功效，茶叶的储存与投资价值，泡茶三要素，六大茶类的冲泡方法与品鉴，茶叶的审评方法，茶馆经营与茶产品销售；中国茶艺部分的内容涵盖中国茶礼与茶俗，茶与文学艺术，中国茶艺及其表现形式，中国茶人。本教材内容翔实，具有科学性、知识性、实用性强的特点，适合各类大学作为中国茶文化与茶艺课程配套教材使用，也可以供茶文化爱好者学习。

本书在编写过程中，参考和吸收了许多学者的优秀成果，在此谨表示诚挚的谢意。

编者
2017年3月18日

目 录 CONTENTS

第一章　中国茶文化发展脉络 ··· 1
　　第一节　茶的起源 ··· 1
　　第二节　茶的利用与发展历史 ··· 3
　　第三节　茶具的演变 ··· 5

第二章　中国茶区分布与生产概况 ·· 14
　　第一节　古代茶区的划分 ·· 14
　　第二节　现代茶区的划分 ·· 16
　　第三节　茶树的形态特征与生长习性 ··· 17
　　第四节　茶树的栽培与采摘 ··· 21

第三章　茶的种类、加工工艺及养生功效 ·································· 25
　　第一节　茶的种类 ··· 25
　　第二节　茶的加工工艺 ··· 27
　　第三节　茶的养生功效 ··· 32

第四章　茶叶的储存与投资价值 ··· 36
　　第一节　茶叶包装及储存 ·· 36
　　第二节　茶叶的投资价值 ·· 40

第五章　泡茶三要素 ·· 55
　　第一节　投茶量 ·· 56
　　第二节　泡茶水温 ··· 57
　　第三节　浸泡时间 ··· 59

第六章 六大茶类的冲泡方法与品鉴 ... 61
第一节 绿茶的冲泡方法与品鉴 ... 61
第二节 白茶的冲泡方法与品鉴 ... 64
第三节 黄茶的冲泡方法与品鉴 ... 66
第四节 乌龙茶的冲泡方法与品鉴 ... 68
第五节 红茶的冲泡方法与品鉴 ... 70
第六节 黑茶的冲泡方法与品鉴 ... 72

第七章 茶叶的审评方法 ... 75
第一节 茶叶的审评环境 ... 75
第二节 审评器具 ... 77
第三节 评茶用水 ... 78
第四节 评茶流程 ... 79

第八章 茶馆经营与茶产品销售 ... 83
第一节 茶馆经营的要素 ... 83
第二节 茶产品销售的方法 ... 88

第九章 中国茶礼与茶俗 ... 92
第一节 中国茶礼 ... 92
第二节 中国茶俗 ... 96

第十章 茶与文学艺术 ... 98
第一节 历代著名茶画欣赏 ... 98
第二节 著名文学作品里的茶文化 ... 102
第三节 采茶舞 ... 104

第十一章 中国茶艺及其表现形式 ... 107
第一节 茶艺的概况 ... 107
第二节 中国茶艺的发展 ... 108
第三节 中国茶艺之美 ... 110
第四节 古代茶艺 ... 112
第五节 现代茶艺 ... 114
第六节 宗教茶艺 ... 117
第七节 少数民族茶艺 ... 118

第十二章　中国茶人 …………………………………………………… 122
　　第一节　茶人的概念 …………………………………………………… 122
　　第二节　茶人的精神 …………………………………………………… 123
　　第三节　茶人的代表人物 ……………………………………………… 125

参考文献 ………………………………………………………………… 130

第一章

中国茶文化发展脉络

本章主要介绍了茶的起源、茶的利用与发展历史以及茶具的演变。关于茶的起源说法众多，一般认为我国饮茶始于西汉、起于巴蜀。我国茶的利用和发展历史源远流长，从两汉至民国，史书上有关茶的记载翔实可考，还有茶的相关专著传承。茶具的演变大致经历了萌芽、确立和不断发展等不同阶段，形成了瓷器、金属、竹木、漆器、玻璃及其他材质的茶具。

【学习目标】

了解茶的起源、利用与发展历史，掌握茶具的材质和演变，理解中国茶文化的发展和内涵。

第一节　茶的起源

茶树是一种叶用木本植物，属于山茶科。中国发现与利用茶叶至今已有数千年的历史，是喝茶、饮用茶叶最早的国家。茶树原产于中国的西南部，云南等地至今仍生存着许多树龄达千年以上的野生大茶树。据历史记载，四川、湖北一带的古代巴蜀地区是中华茶文化的发祥地。而关于茶的起源有许多种说法，最常见的是以下几种。

一、神农说

"茶之为饮，发乎神农氏"，唐代茶圣陆羽在《茶经》中的记载广为流传。这符合我国常常把一切与农业、与利用植物相关的事物起源最终都归结于神农氏（见图1-1）的传统。

图1-1　神农氏

而对起源于神农氏的说法也一直存在不同的观点。有人认为，神农在野外以釜锅煮水时，刚好有几片叶子飘进锅中，煮好的水，其色微黄，喝入口中生津止渴、提神醒脑，以神农过去尝百草的经验，判断它是一种药而发现的，这是有关中国饮茶起源最普遍的说法。还有人从语音上加以附会，说神农有个水晶肚子，由外观可看到食物在肠胃中蠕动的情形，当他喝茶时，发现茶在肚内到处流动，把肠胃洗涤得干干净净，因此神农称这种植物为"查"，与"茶"同音。

二、西周说

晋代常璩《华阳国志·巴志》记载："周武王伐纣，实得巴蜀之师……茶蜜……皆纳贡之。"表明在周朝时，现在的四川等地就已经以茶与其他珍贵产品纳贡给周武王了。并据《华阳国志》记载，那时就已经有了人工栽培的茶园。

三、秦汉说

现存的汉代王褒撰写的《僮约》是最早的茶学资料，是《茶经》之前茶学史上最重要的文献，编撰于汉宣帝神爵三年（前59年）的正月十五，文章记载了汉朝茶文化的发展状况：

舍中有客，提壶行酤，汲水作餔。涤杯整案，园中拔蒜，斫苏切脯。筑肉臛芋，脍鱼包鳖，烹茶尽具，已而盖藏。关门塞窦，馁猪纵犬，勿与邻里争斗。奴但当饭豆饮水，不得嗜酒。欲饮美酒，唯得染唇渍口，不得倾盃覆斗。不得晨出夜入，交关伴偶。舍后有树，当裁作船，下至江州上到煎，主为府掾求用钱。推纺聟，贩棕索。绵亭买席，往来都雒，当为妇女求脂泽，贩于小市。归都担枲，转出旁蹉。牵犬贩鹅，武阳买茶。杨氏担荷，往来市聚，慎护奸偷。

文中描述了"烹茶尽具""武阳买茶"，说明在汉朝，茶已成为当时招待贵宾的一种饮品。在长沙马王堆西汉墓中，也发现陪葬清册中有与茶相关的竹简文和木刻文，说明西汉时期在湖南地区已经有饮茶的风俗。

四、六朝说

中国饮茶也有起源于六朝的说法，如有人认为起源于"孙皓以茶代酒"，有人认为是从"王肃茗饮"开始，但因最迟秦汉即有饮茶习俗的史料证据确凿，所以起源于六朝的说法存疑。

第二节 茶的利用与发展历史

一、以朝代为序

（一）神农时期

传说在神农时期，已经发现了茶树的鲜叶可以解毒。《神农本草经》曾记载："神农尝百草，日遇七十二毒，得荼而解之。"这说明我国利用茶叶已有4000多年的历史。《神农本草经》是西汉时一些儒生托名神农尝百草的神话，搜集了自古以来劳动人民所积累的药物知识，编辑而成的药物学典籍。

自从人类发现茶叶有解毒作用后，茶就受到了社会的重视，而从野生茶树发展到人工种植，经历了3000多年的历史，晋代常璩《华阳国志》记载，那时就有了人工栽培的茶园了。只是茶在人们的认知里从解毒的药草演变成一种可以食用的饮品，经历了很长时间的演变。茶树栽培面积的扩大，则促进了茶的迅速传播。

（二）两汉三国时期

汉代《赵飞燕别传》中有一节关于饮茶的记载："汉成帝崩，一夕后寝，惊啼甚久，侍者呼问，方觉。乃言曰：适吾梦中见帝，帝自云中赐吾坐，帝命进茶。左右奏帝云：向日侍帝不谨，不合啜此茶。"由此可见，在西汉后期，茶已发展成为皇室中的一种饮品。

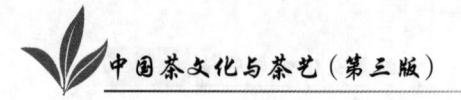

（三）两晋南北朝、隋朝时期

西晋到隋朝时期，关于饮茶的记载日益增多。《广陵耆老传》中载有"晋元帝时，有老姥每旦独提一器茗，往市鬻之，市人竞买"之句，说明茶已成为普通饮料。张孟阳在《登白兔楼》诗中描写茶"芳茶冠六清，溢味播九区"，说明茶不仅为帝王享用，平民百姓也可以品饮。随着隋朝京杭大运河的开通，南茶北运和文化交流频繁，逐渐将"荼"字减去一笔，写成"茶"，成为专用的茶字。

（四）唐宋元时期

上元至大历年间，陆羽的《茶经》问世，成为我国也是世界第一部有关茶的专著。《茶经》分述茶的起源、采制、烹饮、茶具和茶史，系统总结了我国茶业和茶文化的发展。宋元时期，茶区继续扩大，种茶、制茶、点茶技艺精进。宋代茶文化发达，涌现了一批茶学著作，如蔡襄的《茶录》、黄儒的《品茶要录》、宋子安的《东溪试茶录》，特别是宋徽宗赵佶亲自编著的《大观茶论》等。宋元之际，在作画方面，刘松年的《卢仝烹茶图》、赵孟頫的《斗茶图》等更是中华茶文化的艺术珍品。

（五）明朝时期

明代朱元璋体恤茶人种茶、做茶之艰难，诏令"罢造龙团，惟采芽茶以进"。从此，我国茶叶生产由团饼茶为主转为散茶为主。此后在茶叶的类别上有了很大发现，在绿茶基础上，白茶、黑茶、红茶、乌龙茶、黄茶及花茶等茶类相继推出。明代还主张强化茶政、茶法，专门设立茶马司来巩固边防，专营以茶换马的茶马交易。

（六）清朝到民国时期

清代海外交通有所发展，国际贸易兴起，茶叶成为我国主要出口商品。清康熙二十三年（1684年），清朝廷开放海禁，茶叶大量销往西方，茶文化也得到传播。到民国初期，已经开始创立初级茶叶专科学校，设置茶叶专修科和茶叶系，推广新法种茶、机器制茶，建立茶叶商品检验制度，制定茶叶质量检验标准。

二、按地域来分

按地域，饮茶最早起源于西南地区。在秦以前，主要是四川一带产茶和饮茶。明代顾炎武的《日知录》写道："自秦人取蜀而后，始有茗饮之事。"因为隔着千山万水，蜀道险阻，种、饮茶局限于四川一带，直到秦统一中国，才促进了四川和其他地区的经济交流，种茶和饮茶才由四川逐渐向外传播，先流传至长江流域，5世纪时北方饮茶相效成风，6—7世纪再传播到西北、西藏等地。随着饮茶习惯的广为传播，茶叶消耗量迅速增加，茶成为我国各族人民普遍喜爱的一种饮品。

第三节　茶具的演变

经过几千年的发展，中国茶艺已成为一门精湛的技艺。品茶不再局限于"品"茶的滋味，茶具设计、茶室装饰也在品鉴之列。在茶艺中，讲究精茶、真水、活火、妙器。而妙器即茶具，可见茶具在茶艺中占有很重要的地位。所谓美食配美器，不同的茶类使用不同的茶具，不同的人钟爱不同的器皿。

茶具的材质、品种、造型和式样的演变，与时代特征、民族风俗以及审美情趣有着密切的关系。无论粗糙、精致，在某种程度上，茶具的演变都从一个侧面反映了文化的变迁。中国茶具的产生与发展，走过了一条极其曲折漫长的道路。

一、茶具的发展历程

（一）唐以前茶具的萌芽

唐代以前，我国茶具艺术的发展无疑还是缓慢的，一直沿着土陶—硬陶—釉陶这样的一条主线前进（见图1-2、图1-3、图1-4）。

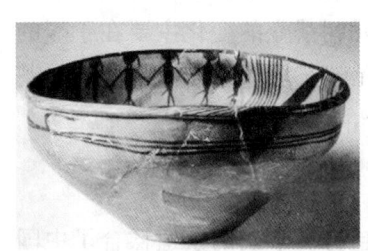

图1-2　新石器土陶杯　　图1-3　战国细麻布硬陶杯　图1-4　南北朝青釉刻莲花纹托瓷盏

依照"秦汉说"，饮茶始于西汉、起于巴蜀。经三国、两晋、南北朝时期的发展，茶由巴蜀向中原广大地区传播，茶叶生产地区不断扩大。茶具作为茶文化的重要物质载体，这一时期是其重要的孕育阶段。而佛教、道教及儒教的文化根源和民族大融合的社会背景，也为茶具艺术的发展提供了丰富的营养，使中国茶文化具有了器物文明和精神文化相统一的特点。

（二）唐朝茶具的确立

"言茶必曰唐。"唐朝时期，社会安定、经济繁荣，茶饮之风也随之而起，并呈云涌之势。中国茶具则开始从食器、酒器中分离出来而自成体系，为茶文化的进一步发展打下了坚实的基础。

唐朝文人推崇茶圣陆羽所使用的茶具，但宫廷茶具和民间茶具在中国茶文化的发展中都占有重要地位。宫廷品茶，虽然不一定如同僧侣和学者一般，对茶的雅致、清淡意境有明确的兴趣，能够更好地感受和领悟茶道精神的本质，但宫廷茶具往往奢华精致，从这个角度看，也直接促进了茶具的发展。豪华的宫廷茶具选材非常细腻，每一个茶具都可能是罕见的艺术品，象征着身份和地位。民间茶具的风格与宫廷茶具形成了鲜明的对比，简单实用。唐代民间茶具大多是由全国各地窑场烧制的，在技术层面当然不太可能达到宫廷茶具的水平，整体较粗糙，茶具配套生产的规模较小，但在多样性和实用性方面具有一定优势。

（三）宋朝茶具的发展

汉以后至五代十国时期，虽战争频繁，但茶文化在唐代的基础上仍有一定的发展。宋朝过度追求华丽的斗茶方法给茶具的健康发展带来了一些不利因素，这使茶具文化精神在宋代的一段时间内出现过一些偏差，但茶具的发展创新和茶艺却有了质的飞跃。由于宋朝重文轻武，文人士大夫地位很高，商业繁荣，人们开始关注茶本身的形状、颜色和香味，也开始注重完整的茶具和茶事服务中的艺术效果，增强人们的感官享受。

（四）元朝茶具的发展

元朝在茶具的发展史上过渡性质明显，上承唐、宋，下启明、清。饼茶、团茶走向衰退，散茶开始兴起，景德镇因烧制青花瓷而闻名于世。元朝茶壶的变化主要在于壶的流子（嘴），宋代壶的流子多在肩部，元代则移至腹部。元朝茶炉非常精致，著名的茶炉有"姜铸茶炉"，社会普遍使用"铜茶炉"，并在做工上讲究雕刻技艺。

（五）明朝茶具的发展

明朝茶具艺术的发展总体呈现崇尚自然、返璞归真的趋势。中国的茶道糅合了中国人的传统秉性，体现了诸如中庸、俭德、明伦、谦和等内涵，中国人的性情与明朝茶具返璞归真的境界是一致的，是对茶文化本质的回归。

在明朝，白色的茶盏开始受到人们的推崇。由于明人饮用的是与现代炒青绿茶相似的芽茶，又因"茶以青翠为胜"，故而绿色的茶汤，用洁白如玉的茶盏来衬托，更显得清新雅致、悦目自然。茶圣陆羽倡导的怡情悦目的茶具基本精神在明代得到回归。崇尚白色茶盏促成了白瓷的飞速发展，江西景德镇适时成为全国的制瓷中心，生产的白瓷茶具具有很高的艺术成就。胎白细致、釉色光润，具有"薄如纸、白如玉、声如磬、明如镜"的特点，成为不可多得的艺术品。

明朝景德镇的制瓷业相当繁荣，在原有的青白瓷基础上，先后创制了各种彩瓷、色釉，用来制作造型小巧、胎质细腻、色彩艳丽的茶具，包括茶壶、茶盅、茶盏、茶杯等，花色、品种越来越多，极大地丰富了茶具艺术形式。另外，数量庞大、涉及面极广的外销瓷传播了中华文明，成为联系各国人民友谊的纽带。可见，茶具的发展促进了中外文化交流，对世界文化传承做出了贡献。

明朝茶具艺术成就突出，除表现在景德镇璀璨的陶瓷茶具上外，还表现在宜兴紫砂茶具的异军突起，陶壶与陶盏的创制与普及最为后人称道，使得茶饮活动升华到修身养性、淡泊处世的境界，欣赏性与艺术性有机结合，造就了一代紫砂精品的风光无限及日后的非凡艺术特色。紫砂茶具的材质具有一种自然本性美，造型千姿百态，富于变化，是茶具艺术中的一朵奇葩。

（六）清朝茶具的发展

茶类在清朝有了很大的发展，绿茶、红茶、乌龙茶、白茶、黑茶和黄茶，六大茶类齐全。只是茶的形状仍属条形散茶，所以，饮用仍然沿用明朝的直接冲泡法。在这种情况下，清朝的茶具无论是种类还是形式，基本上没有突破明朝的范式。

清朝的茶盏、茶壶通常以陶或瓷制作，以康乾时期最为繁荣，"景瓷宜陶"最为出色。清时的茶盏，以康熙、雍正、乾隆时期盛行的盖碗最负盛名（见图1-5）。

图1-5 盖碗

二、茶具的分类

将茶具按茶具名称、茶艺冲泡要素、茶具质地分类，如表1-1所示。

表1-1　茶具的分类标准和种类

分类标准	种类
茶具名称	茶杯、茶碗、茶壶、茶托、茶碟等
茶艺冲泡要素	煮水器、备茶器、泡茶器、盛茶器、涤洁器等
茶具质地	金属茶具、陶土茶具、瓷器茶具、漆器茶具、玻璃茶具、竹木茶具、搪瓷茶具、玉石茶具等

陶土茶具的演变线路为粗糙的土陶→硬陶→釉陶（表面敷釉）。宜兴古代制陶颇为发达，商周时期就出现了几何印纹硬陶，秦汉时期已有釉陶的烧制。

陶器中的佼佼者首推宜兴紫砂茶具，早在北宋初期就已经崛起，明代大为流行。目前，紫砂茶具品种已由原来的40~50种增加到600多种。

瓷器茶具分为青瓷茶具、白瓷茶具、黑瓷茶具、彩瓷茶具和搪瓷茶具等，此外还有金属茶具、竹木茶具、漆器茶具、玻璃茶具及其他材质茶具（见表1-2）。主要茶具的样式如图1-6~图1-11所示。

表1-2　各种茶具产生的时间、特色及发展历史

茶具名称	产生时间	特色	发展历史
青瓷茶具	东汉年间开始生产	因色泽青翠，用来冲泡绿茶，更有益汤色之美。但用它来冲泡红茶、白茶、黄茶、黑茶，则易使茶汤失去本来面目	东汉年间，已开始生产色泽纯正、透明发光的青瓷。晋代浙江的越窑、婺窑、瓯窑已具相当规模。宋代，浙江龙泉哥窑生产的青瓷茶具已达鼎盛时期，远销各地。明朝，青瓷茶具更以质地细腻、造型端庄、釉色青莹、纹样雅丽而蜚声中外。16世纪末，龙泉青瓷出口法国，轰动整个法兰西，被视为稀世珍品
白瓷茶具	唐朝时期已有记载	白瓷茶具以色白如玉而得名，具有坯质致密透明，上釉、成陶火度高，无吸水性，音清而韵长等特点。白瓷色泽洁白，能反映出茶汤色泽，传热、保温性能适中，加之色彩缤纷、造型各异，堪称饮茶器皿之珍品	唐朝时，河北邢窑生产的白瓷器具已"天下无贵贱通用之"。白居易还曾作诗盛赞四川大邑生产的白瓷茶碗。而景德镇生产的白瓷在唐朝就有"假玉器"的美称，这些产品质薄光润、白里泛青、雅致悦目，并有影青刻花、印花和褐色点彩装饰。到了元朝，景德镇因烧制青花瓷而闻名于世

续表

茶具名称	产生时间	特色	发展历史
黑瓷茶具	晚唐时期	至宋朝，黑瓷品种大量出现，河北定窑生产的黑瓷，胎骨洁白而釉色乌黑发亮；福建建窑烧制的黑瓷，因含铁量较重和烧窑时保温时间较长，所以釉中析出大量氧化铁结晶，形成了兔毫纹、油滴纹、曜变等黑色结晶釉，颇为珍贵	始于晚唐，鼎盛于宋，延续于元，衰微于明、清。这是因为自宋代开始，饮茶方法已由唐时的煎茶法逐渐改变为点茶法，而宋代流行的斗茶又为黑瓷茶具的崛起创造了条件。福建建窑、江西吉州窑、山西榆次窑等都大量生产黑瓷茶具，成为黑瓷茶具的主要产地。黑瓷茶具的窑场中，建窑生产的"建盏"最为人称道
彩瓷茶具	元朝时期	彩色茶具的品种花色很多，以青花瓷茶具最引人注目。古人将黑、蓝、青、绿等诸色统称为"青"，故"青花"的含义比现代要广。它的特点有：花纹蓝白相映成趣，有赏心悦目之感；色调淡雅幽菁可人，有华而不艳之力。加之彩料之上涂釉，显得滋润明亮，更平添了青花茶具的魅力	元代中后期，青花瓷茶具才开始成批生产，特别是景德镇，成了我国青花瓷茶具的主要生产地。明、清时期，有影响力的还有江西的吉安、乐平，广东的潮州、揭阳、博罗，云南的玉溪，四川的会理，福建的德化、安溪等地。青花瓷不但国内人珍爱，而且远销国外，特别是日本，因"茶汤之祖"珠光氏特别喜爱这种茶具，后来青花茶具又被定名为"珠光青瓷"
搪瓷茶具	元朝时期（传入中国）	搪瓷茶具以坚固耐用、图案清新、轻便、耐腐蚀而著称	搪瓷茶具起源于古代埃及，后传入欧洲。现在使用的铸铁搪瓷始于19世纪初的德国与奥地利。搪瓷工艺传入我国，大约是在元代。明代创制了珐琅镶嵌工艺品景泰蓝茶具，清代景泰蓝从宫廷流向民间，这可以说是我国搪瓷工业的开始。我国真正开始生产搪瓷茶具是20世纪初，特别是20世纪80年代以来，新生产的品种瓷面洁白、细腻、光亮，不但形状各异，而且图案清新，有较强的艺术感，是可与瓷器媲美的仿瓷茶具。包括饰有网眼或彩色加网眼，且层次清晰、有较强艺术感的网眼花茶杯；式样轻巧、造型独特的鼓形茶杯和蝶形茶杯；能起保温作用且携带方便的温茶杯，以及可作放置茶壶、茶杯用的加彩搪瓷茶盘，受到不少茶人的欢迎。但搪瓷茶具传热快，易烫手，放在茶几上会烫坏桌面，一般不作待客之用

续表

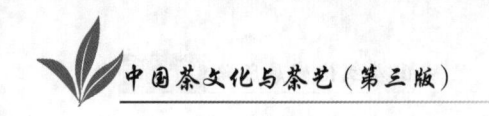

茶具名称	产生时间	特色	发展历史
金属茶具	公元前18世纪至公元前221年	金属茶具是指由金、银、铜、铁、锡等金属材料制作而成的器具，是我国最古老的日用器具之一。金属贮茶器具的密闭性要比纸、竹、木、瓷、陶等好，具有较好的防潮、避光性能	早在公元前18世纪至公元前221年秦始皇统一中国之前的1500年间，青铜器就得到了广泛应用。先人用青铜制作盘盛水，制作爵、尊盛酒，这些青铜器皿自然也可用来盛茶。大约到南北朝时，我国出现了包括饮茶器皿在内的金银器具。到隋唐时，金银器具的制作达到高峰。明代开始，随着茶类的创新、饮茶方法的改变，以及陶瓷茶具的兴起，包括银质器具在内的金属茶具逐渐消失。但用金属制成贮茶器具，如锡瓶、锡罐等，却屡见不鲜
竹木茶具	隋唐以前	竹木茶具是利用天然竹木砍削而成的器皿	隋唐以前，我国饮茶虽渐次推广开来，但属粗放饮茶。当时的饮茶器具，除陶瓷器外，民间多用竹木制作而成。到了清代，四川出现了一种竹编茶具，既是一种工艺品，又有实用价值，主要品种有茶杯、茶盅、茶托、茶壶、茶盘等，多为成套制作。20世纪50年代以来，竹编茶具已由本色、黑色或淡褐色的简单茶纹，发展到运用五彩缤纷的竹丝编织成精致繁复的图案花纹，创造出疏编、扭丝编、雕花、漏花、别花、贴花等多种技法
漆器茶具	大约始于清代	脱胎漆茶具通常成套生产，盘、壶、杯常呈一色，以黑色居多，也有棕、黄棕、深绿等色。福州生产的漆器茶具多姿多彩，有"宝砂闪光""金丝玛瑙""釉变金丝""仿古瓷""雕填""高雕""嵌白银"等品种，特别是创造了红如宝石的"赤金砂""暗花"等新工艺以后，更加鲜艳夺目	历史十分悠久，在长沙马王堆西汉墓出土的器物中就有漆器。以脱胎漆器作为茶具大约始于清代，其产地主要在福建的福州一带。漆器茶具是采用天然漆树汁液，经掺色后，再制成绚丽夺目的器件。在浙江余姚的河姆渡文化中已有木胎漆碗。但长期以来，有关漆器的记载很少，直至清代，福建福州出现了脱胎漆茶具，才引起人们的关注

续表

茶具名称	产生时间	特色	发展历史
玻璃茶具	宋朝时期	色泽鲜艳，光彩照人	玻璃茶具在中国起步较早，陕西法门寺地宫出土的素面圈足淡黄色琉璃茶盏和茶托就是证明。宋朝时，中国独特的高铅琉璃器具问世。元、明时期规模较大的琉璃作坊在山东、新疆等地出现。清康熙时期，在北京还开设了宫廷琉璃厂。随着生产技术的发展，如今玻璃茶具已成为大宗茶具之一
其他材质茶具			在日常生活中，除了使用上述茶具之外，还有玉石茶具及一次性的塑料、纸制茶杯等。不过，最好别用保温杯泡饮，保温杯易焖熟茶叶，有损风味

图1-6　白瓷茶具

图1-7　搪瓷茶具

11

图1-8 金属茶具

图1-9 竹木茶具

图1-10 漆器茶具

图 1-11　玻璃茶具

【复习与思考】

1. 从茶的利用和发展历史中，思考中国茶文化的形成及其规律。
2. 茶具的演变是如何体现时代特征的？
3. 茶具的演变反映了中国茶文化的哪些内涵？

第二章 中国茶区分布与生产概况

中国是茶的故乡,陆羽最早对中国的茶产区进行了划分。随着种植面积的扩大,到了现代,茶区主要分成西南、华南、江南、江北 4 个产区。由于茶树具有不同的特征,茶树栽培与采摘技术也有所不同。

【学习目标】

了解古代中国茶区的划分,掌握中国现代各茶区和各茶区生产的主要茶类,懂得茶树的形态特征与生长习性、栽培与采摘。能运用茶产区的基础理论知识,培养对不同茶类所属产区的分辨能力。

第一节 古代茶区的划分

根据陆羽《茶经》的记载,中国古代茶区被分成山南、淮南、浙西、剑南、浙东、黔中、江南、岭南共 8 个茶区,具体地理分布如下。

一、山南茶区

以峡州(湖北宜昌)产的茶最好(峡州茶,生长在远安、宜都、夷陵三县山谷);襄州(湖北襄阳)、荆州(湖北江陵)产的茶较好(襄州茶,生长在南漳县山谷;荆州茶,生长在江陵县山谷);衡州(湖南衡阳)茶次之(衡州茶,生长在衡山、茶陵二县山谷）；金州（陕西安康）、梁州（陕西汉中）茶又次之（金州茶，生长在西城、安康二县山谷；梁州茶，生长在褒城、金牛二县山谷），辖境相当于今四川及重庆嘉陵江以东地区、陕西秦岭、甘肃蟠冢山以南、河南伏牛山西南、湖北郧水以西、重庆至湖南岳阳之间的长江以北地区。

二、淮南茶区

以光州（河南光山）产的茶最好，义阳郡（河南信阳）、舒州（安徽怀宁）产的茶较好（生长在宜阳县钟山的茶，与襄州的茶品质相同，舒州生长在太湖县潜山的茶，与荆州产的茶品质相同），寿州（安徽寿县）产的茶次之［霍山茶，生长在盛唐县（安徽六安），与衡山产的茶品质相同］，蕲州、黄州产的茶又次之（蕲州茶，生长在黄梅县山谷；黄州茶，生长在麻城市山谷，这两地茶的品质与金州、梁州的茶品质相同），辖境基本相当于长江以北、秦岭淮河以南。

三、浙西茶区

以湖州产的茶最好［生长在长县（浙江长兴县）顾渚山谷的茶，与峡州、光州的相同；生长在山桑、儒师二寺，天目山，白茅山悬脚岭（浙江长兴县）的茶，与襄州、荆州、义阳郡的茶品质相同；生长在凤亭山伏翼阁，飞云、曲水二寺，啄木岭的茶，与寿州、常州的茶品质相同；生长在安吉、武康二县山谷的茶，与金州、梁州的茶品质相同］；常州产的茶较好［生长在义兴县（江苏宜兴县）君山悬脚岭北峰下的茶，与荆州、义阳郡的茶品质相同；生长在圈岭善权寺、石亭山的茶，与舒州的相同］，宣州、杭州、睦州（浙江建德、桐庐）、歙州次之（宣州生长在宣城市雅山的茶，与蕲州的茶品质相同；太平县生长在上睦、临睦的茶，与黄州的茶品质相同；杭州，临安、于潜二县，生长在天目山的茶，与舒州的茶品质相同；钱塘生长在天竺、灵隐二寺的茶，睦州生长在桐庐县山谷的茶，歙州生长在婺源县山谷的茶，均与衡州的茶品质相同），润州（江苏镇江）、苏州又次之（润州江宁县生长在傲山的茶；苏州长州县生长在洞庭的茶，与金州、蕲州、梁州的茶品质相同）。

四、剑南茶区

以彭州（四川成都）产的茶最好（生长在九陇县马鞍山至德寺棚口的茶，与襄州的茶品质相同），绵州（四川绵阳）、蜀州（四川崇州）产的茶较好（绵州龙安县生长在松岭关的茶，与荆州的茶品质相同；西昌、昌明、神泉县西山产的茶也较好，但越过松岭的茶就没有采摘价值了；蜀州（青城县生长在丈人山的茶，与绵州的茶品质相同；青城县有散茶、末茶），邛州（四川邛崃）产的茶也较好，雅州（四川雅安）、泸州产的茶次之（雅州百丈山、名山的茶，泸州泸川的茶，与金州的茶品质相同），眉州（四川眉山市）、汉州（四川广汉市）又次之（眉州丹棱县生长在铁山的茶，汉州绵竹县生长在竹山的茶,均与润州的茶品质相同)。

五、浙东茶区

以越州产的茶最好(余姚市生长在瀑布泉岭的茶,曰仙茗,大叶茶很特殊,小叶茶与襄州的茶品质相同),明州(浙江宁波)、婺州(浙江金华)产的茶较好(明州宁波市鄞州区生长在榆荚村的茶,婺州东阳市生长在东白山的茶,与荆州的茶品质相同),台州(浙江台州)产的茶次之(始丰县生长在赤城的茶,与歙州的茶品质相同)。

六、黔中茶区

生长在思州(贵州务川)、播州(贵州遵义)、费州(贵州德江)、夷州(贵州石阡)等地。

七、江南茶区

生长在鄂州(湖北武昌)、袁州(江西宜春)、吉州(江西吉安)等地。

八、岭南茶区

生长在福州(福州的茶生闽县方山之山凹处)、韶州(广东曲江)、象州(广西象州县)等地。

第二节 现代茶区的划分

随着茶产业的不断发展,我国茶叶当下的种植已经扩大到21个省份。根据土壤类型、茶树品种以及气候特征,一般将这21个省份整合成四大茶区,即西南茶区、江南茶区、华南茶区、江北茶区。

一、最古老的茶产区——西南茶区

西南茶区包括贵州(黔)、四川(川)、重庆(渝)、云南中北部分(滇中北)以及西藏东部(藏东南)等地。该茶区的年平均气温在15~16℃,冬季较为温暖,最低气温在10℃左右,年降水量在1200~2000毫米。该茶区比较有名的茶有西藏的黑茶,四川的竹叶青、川红、蒙顶甘露、碧潭飘雪,云南的普洱茶、滇红、滇青,贵州的都匀毛尖、遵义绿茶等。

这是中国最古老的茶区,不管是从树种、历史记载还是从茶品加工方面都是有据可查的。一如陆羽的《茶经》开篇所言:"茶者,南方之嘉木也,一尺二尺,乃至数十尺,其巴山峡川有两人合抱者,伐而掇之。"这里所讲的就是四川、云南等地的乔木种。

二、绿茶产量最高的茶产区——江南茶区

江南茶区涵盖的省市包括湖北南部（鄂南）、湖南（湘）、安徽南部（皖南）、江西（赣）、浙江（浙）和江苏南部（苏南）。这些地区年平均气温为15~18℃，冬季气温一般在5~8℃，年降水量在1400~1600毫米，春夏季降水占全年降水量的60%~80%，秋季较为干旱。江南茶区是我国绿茶产量最高的地区，以出产绿茶为主，各个茶区均有名品出现，如湖北的恩施玉露，安徽的黄山毛峰、六安瓜片、太平猴魁，江西的婺源绿茶、云雾茶、狗牯脑茶，江苏的碧螺春，浙江的龙井等。本茶区茶树主要以灌木种为主，作为中国茶叶主要产区，年产量大约占全国总产量的2/3。

三、最适合茶树生长的茶产区——华南茶区

华南茶区位于中国南部，包括广东、广西、福建、台湾、海南等地，是中国最适宜茶树生长的地区。除闽北、粤北和桂北等少数地区外，年平均气温为19~22℃，是各茶区里气温最高的地区；年降水量一般为1200~2000毫米。该产区主要生产红茶、乌龙茶、花茶、白茶等品种。

四、最北部的茶产区——江北茶区

江北茶区是中国最北部的茶区，包括河南（豫）、甘肃（甘）、山东（鲁）、陕西（陕）及安徽北部（皖北）、江苏北部（苏北）、湖北北部（鄂北）等地。茶区年平均气温为15~16℃，冬季绝对最低气温一般为-10℃左右。该茶区年降水量为700~1000毫米，是中国所有茶区里降水量最少的茶区，部分年份还可能出现干旱，影响茶树的生长。本产地的茶以耐泡、滋味浓厚为特点，如山东的崂山绿茶、日照绿茶，河南的信阳毛尖，陕西的午子仙毫，甘肃的阳坝珍眉、阳坝毛尖等。秦岭淮河以南、长江以北是该产区，再往北不再产茶。

第三节 茶树的形态特征与生长习性

一、茶树的形态特征

茶树是由根、茎、叶、花、果实和种子等组成的，不同的部位具有不同的功能，各部位主要形态特征如下。

（一）植株

茶树植株的树型可分为乔木型、小乔木型和灌木型3种，如图2-1所示。

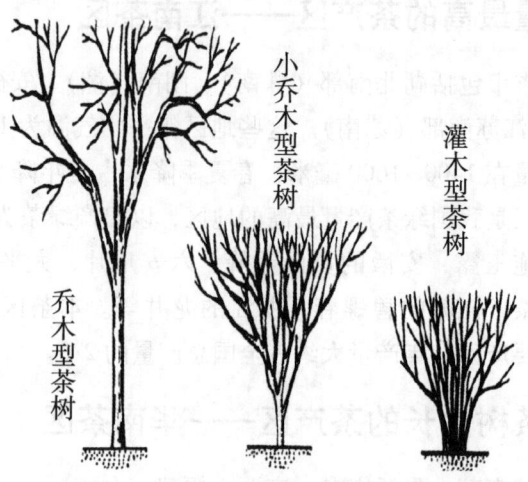

图 2-1 茶树植株的树型

自然生长状态下，乔木型茶树为各种类型中最高的，其植株主干明显，顶部分枝，树高可达3~5米，野生茶树甚至可以高达10米以上。灌木型茶树较低，主干不明显，树冠较为矮小，树高一般在1.5~3米，分枝直接从近地面根茎处生出。小乔木型茶树类似乔木型，有较明显的主干，且分枝部位较高，是介于乔木型、灌木型之间的中间类型，树冠多而直立。

（二）根

茶树的根由主根、侧根、细根和根毛组成，为轴状根系。主根由种子的胚根发育而成，在垂直向土壤下生长的过程中，分别生出侧根和细根（见图2-2）。

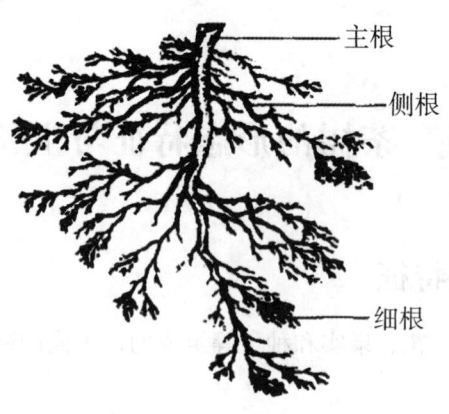

图 2-2 茶树根系形态示意

(三) 茎

茶树的茎一般分为主干、主轴、骨干枝和细枝。分枝以下的部分称为主干，分枝以上的部分称为主轴，主干是区别茶树类型的重要根据之一。茶树的枝茎有很强的繁殖能力，春天将枝条剪下一段插入土中，在适宜的温度和湿度下，即会在土壤里生出新的根系，成长为新的植株。

(四) 叶

茶树的叶片是制作饮料——茶的原料，也是茶树进行光合作用的主要器官。茶树嫩叶上的茸毛称为"毫"，这是茶叶细嫩、品质优良的标志。从嫩芽、幼叶到嫩叶，茶叶的"毫"逐渐减少，到第四片成熟叶时，一般便无"毫"可言了，叶片也显得粗老了。

茶叶的鲜叶规格有芽、一芽一叶、一芽二叶、一芽三叶、一芽四五叶（见图2-3）。依叶子展开程度不同，有一芽一叶初展、一芽二叶初展、一芽三叶初展。开面叶是指嫩梢生长成熟，出现驻芽的鲜叶，分为小开面（第一叶为第二叶面积的一半）、中开面（第一叶为第二叶面积的2/3）和大开面（第一叶长到与第二叶面积相当）3种。

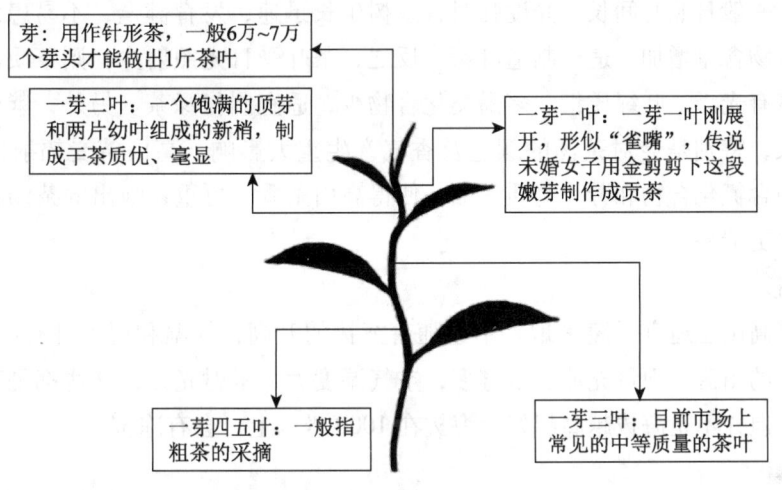

图2-3 茶叶鲜叶规格

(五) 花

花是茶树的生殖器官之一。茶花是两性花，颜色以白色为主，也有少数茶花是淡黄或粉红色，气味略带芳香。茶花由授粉至果实成熟的过程较为漫长，一般需一年四个月左右。

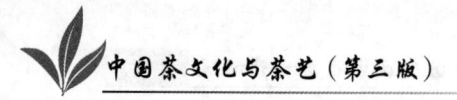

(六) 果实与种子

茶树的果实是茶树进行繁殖的主要器官。成熟的茶树种子，以棕褐色居多，也有少数黑色、黑褐色茶种。好的茶籽外壳硬脆，颜色油亮，发芽率能达到85%。

二、茶树的生长习性

(一) 茶树的适宜生长条件

1. 气候

茶树性喜温暖、湿润，适宜的平均气温在18~25℃，生长地应保持平均年降水量1500毫米左右，相对湿度为85%左右。根据分布，在南纬45°和北纬38°间皆有地区符合种植要求，在此区域之外茶树则很难生存或品质不佳。而品质高的茶树对环境的要求更高，如早晚有雾、高山清泉灌溉、空气洁净无污染等。

2. 日照

经过多年制茶经验的累积，根据日照情况生产不同的茶，已经成为制茶行业普遍掌握的规律。一般日照时间长、光度强时，茶树生长迅速，发育健全，不易患病，且叶中多酚类化合物含量增加，适于制造红茶。反之，茶叶受日光照射少，则茶质薄，不易硬化，叶色富有光泽，叶绿质细，多酚类化合物少，适宜制作绿茶。另外，紫外线对茶的影响也很大，特别是会对茶汤的颜色及香气产生重大影响。高山茶受辐射的紫外线较多，叶片中含氮化合物和芳香物质累加，使得高山茶香气更重，泡出的茶汤营养更加丰富，颜色也更清亮。

3. 地形

茶树喜高山也适宜丘陵平地。不过随着海拔的升高，气温和湿度都有明显的变化。在一定高度的山区，雨量充沛、云雾多、空气湿度大、漫射光强，这些都是茶树生长的有利条件，但并不是海拔越高越好，海拔在1000米以上，会有冻害。

4. 土壤

虽然在南纬45°和北纬38°间不同的土壤中，茶树都可生长，但优良的茶树种植对土壤也有较高要求，土壤需要土质疏松、土层深厚（至少1米以上）、排水和透气良好、微酸性（pH为4.5~5.5），石砾含量不超过10%。

(二) 茶树的生长发育特性

茶树为多年生常绿作物，在它的一生中，既有总生长发育周期，又有年复一年的年生长发育周期。年生长发育周期受总生长发育周期的制约，并按总生长发育周期的规律而发展。

1. 茶树的总生长发育周期

在自然状态下，茶树至少能活100年以上，但作为人工栽培的茶树，其经济年龄大致为50~60年，有的树种年龄可能还更短些。

（1）幼年期。幼年期指从播种后茶苗出土，或从扦插成活开始到茶树基本定型投产为止。在人工栽培条件下，需要经历4~5年。

（2）成年期。成年期指从树体基本定型投产到茶树第一次出现自然更新为止。一般在人工栽培条件下，成年期可达20~25年。这一时期的茶树，生长发育旺盛，营养生长和生殖生长都达到盛期，树体相对稳定，茶叶和种子的产量乃至品质都达最高峰，是茶树一生中最有经济价值的时期。

（3）衰老期。衰老期指从茶树出现第一次自然更新到茶树最后衰老死亡为止，它是茶树生命活动延续时间最长的一个时期。这一时期的特点是茶树树冠枝条逐年开始减少，出现少数枯枝现象，育芽能力渐趋衰退，根颈部有少量更新枝出现，以替代衰老枝。地下部的吸收根开始减少，继而出现少数侧根死亡。茶叶的产量和品质也开始逐年下降。对这类茶树，可采用人工复壮，以延缓衰亡。

2. 茶树的年生长发育周期

茶树除了一生的规律性变化，每年随着气候条件不同，还会进行周而复始的生命活动变化，特别表现在根系活动、新梢生长和开花结实3个方面。

（1）根系活动。茶树根系和其他植物一样，春季随着气温的升高，在每年3月初到4月上旬有一次发根高峰。随着气候变暖，夏季根系不断增强。到寒冷的冬季，茶树的地上部分基本停止生长，根系的生长也几乎停滞。

（2）新梢生长。一般来说，当日平均气温达到10℃以上连续5~7天后，茶芽就开始萌动生长。在中国多数茶区，茶树新梢如不加采摘，新梢上的驻芽经过短期休止后，又继续生长，这样能重复2~3次。茶树在采摘条件下，留下的小桩顶部第1~2个叶腋间的茶芽，又可各自生长萌发成新梢。如此，每年可生长4~5次。

（3）开花结实。在中国茶区，多数茶树花芽是每年5~6月自春梢叶腋间陆续分化而成的。花芽经花蕾形成，10—11月为开花盛期，然后经过授精发育，直到次年霜降前后，果实方才成熟。

第四节 茶树的栽培与采摘

一、茶树的栽培

（一）茶树的种植

中国大部分地区的茶树种植集中在每年11月至第二年3月下旬。当然不同茶区茶树的种植时间也略有不同，偏南方的茶区，以每年1月底为宜，因为等到2月日照增强、气温升高，幼苗不容易成活。偏北部或高山茶区，由于气温较低，可适当延至3月底种

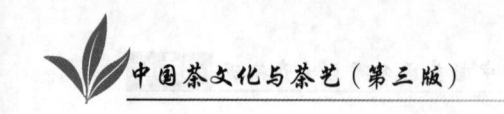

植，此时雨季来临，更有利于茶树成活。

（二）茶树的主要栽培品种

中国是茶树的原产地，长期的自然选择和人工选择形成了丰富的种子资源。我国现有茶树栽培品种 600 多个，其中国家审（认）定的品种 96 个，省级审（认）定的品种 118 个，代表性的品种有宜红早、龙井 43 号、早白尖、铁观音等。

（三）茶树品种的选用

在茶树品种选用上，应注意以下 4 个方面：一是充分考虑园地的生态条件，选择与之相适应、抗性强的茶树品种；二是明确企业规划，确定适宜发展茶类的品种，选择适制性好、品质优异且互补的茶树品种进行搭配；三是在满足生态条件和适制茶类的前提下，茶树品种应尽可能多样化，充分利用不同茶树品种多样性提高成茶品质；四是应选用无性系品种作为茶园主栽品种，尽可能少使用种子繁殖茶园（属于有性系良种的例外）。

（四）茶树品种的搭配

根据生产的茶类、栽植区的生态条件以及茶树品种的生物学特性，确定主栽品种和搭配品种。不同抗逆性品种间的合理搭配，可增加茶园生态系统的生物多样性，增强抵抗自然灾害的能力。萌芽迟和萌芽早的品种搭配，能在一定程度上避免品种单一造成的病虫害快速蔓延和其他自然灾害的扩散。不同适制性品种间的合理搭配，如同一类茶而品质特色不同的品种间合理搭配以及适制不同茶产品的品种间合理搭配，有利于针对性地开发不同种类的产品。

二、茶树的采摘

（一）不同茶类的采摘标准

我国茶类丰富多样，品质特征各具特色。因此，对鲜叶采摘标准的要求差异很大。归纳起来，大致可分为以下 4 种情况。

（1）高级名茶的细嫩采。如高级西湖龙井、洞庭碧螺春、君山银针、黄山毛峰等名茶，对鲜叶的嫩度要求很高，一般是采摘茶芽和一芽一叶及一芽二叶初展的新梢。这种采摘标准，时间成本高，产量不多，季节性强，大多在春季前期采摘。

（2）大宗茶类的适中采。我国目前内销和外销的大宗红、绿茶，如眉茶、珠茶、工夫红茶、红碎茶等，要求鲜叶嫩度适中，一般以采一芽二叶为主，兼采一芽三叶和幼嫩的对夹一、二叶。这种采摘标准，茶叶产量比较高，品质也好，经济收益较高，是目前较普遍的一种采摘标准。

（3）边销茶类的成熟采。销到边疆少数民族地区的边茶，为适应消费者的特殊需要，茯砖茶原料的采摘标准需等到新梢基本成熟时，采去一芽四、五叶和对夹三、四叶。南路边茶为了适应藏民熬煮掺和酥油麦粉的特殊饮食习惯，要求滋味醇和、回味甜润，所以，采摘标准需待新梢成熟，且枝条基本已木质化时，才刈下新枝基部一、二片成叶以上的全部新梢。

（4）乌龙茶的开面采。乌龙茶要求有独特的香气和滋味，采摘标准是新梢长到3~5叶快要成熟，而顶叶6~7成开面时采下2~4叶梢比较适宜。这种采摘标准俗称"开面采"。实践表明，如鲜叶采摘太嫩，则色泽红褐灰暗，香气低，滋味涩；如太老，外形显得粗大，色泽干枯，并且滋味淡薄。

（二）手工采摘技术

我国茶类丰富，采摘标准各异，尤其是各地名茶，对鲜叶采摘要求很高。手工采摘茶叶的效率虽然很低，但对各类茶叶的采摘标准与对鲜叶的采留结合，比较易于掌握。因此，手工采摘仍然是一项不可忽略的采摘技术。

采摘手法因手掌的朝向不同，以及指头采取新梢着力不同，有以下几种各具特色的采法。

（1）掐采。主要用于名贵细嫩茶的采摘。具体手法：左手按住新梢，用右手的食指和拇指的指尖把新发的芽和细嫩的一至二叶轻轻地掐下来。注意切勿用指甲切下芽叶。这种采法，鲜叶质量好，但工效低。

（2）提手采。主要用于大宗红、绿茶的采摘。这种采法因手掌的朝向和食指的着力不同可分为直采和横采。直采：用拇指和食指夹住新梢拟采摘部位，要求掌心向上，食指向上稍着力采下新梢。横采：与直采基本相似，只是掌心向下，用拇指向内或左右用力采下新梢。这种采法，鲜叶质量好，工效也较高。

（3）双手采。左右手同时放在采面上，同时用横采或直采手法把符合标准的新梢采下。这种采法工效高、质量好，是生产上应大力提倡的采摘方法。

（三）机械采摘技术

机采标准随着茶类的变化而有很大差异。如浙江省福泉山茶场珠茶机采标准，除对新梢物候期有要求外，还有芽叶长度的要求。一般适宜加工珠茶的芽叶长度为5厘米。结合新梢长度与物候期两个因子，提出机采开采期标准为：5~6厘米长的一芽二、三叶和同等嫩度的对夹叶比例，春茶达70%~75%开采，夏茶达60%~65%开采，秋茶达50%开采。

通常情况下，机采鲜叶可以按照手采鲜叶的进厂验级标准予以定级。经过多年的生产与试验表明，机采鲜叶在等级上明显优于手采鲜叶。杭州茶叶试验场1988年、1989年两年对500亩机采茶园与200亩手采茶园进厂鲜叶的评级结果进行统计发现：机采鲜叶多为2~4级，其中1~3级高档鲜叶占38.6%，比手采高10.76个百分点，6~7级低档鲜叶占1.44%，比手采低14.86个百分点。机采鲜叶全年综合评级平均为3级6等，比手采鲜叶4级7等平均提高1个等级。

【复习与思考】

1. 中国古代的茶区是怎样分布的?
2. 中国现代的四大茶区分别是哪几个?代表的茶品有哪些?
3. 茶树在一年的生长发育周期内,生命活动变化情况如何?
4. 乌龙茶开面采的要求是怎样的?

第三章

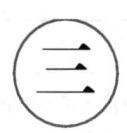

茶的种类、加工工艺及养生功效

本章导读

本章主要介绍了茶按季节、生长环境和发酵程度等标准来划分的种类，阐述了绿茶、白茶、黄茶、青茶、红茶和黑茶等茶叶的加工工艺，以及茶的养生功效和养生茶的配方。

【学习目标】

通过学习，让同学们了解茶的分类，掌握茶的加工工艺，理解茶的养生功效及养生茶的配方。

第一节　茶的种类

一、按季节分类

茶的种类按季节可以分成以下几种（见表3-1）。

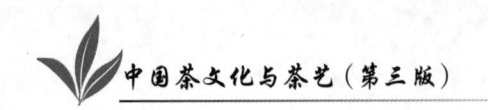

表3-1　茶的种类特征（以季节分类）

茶的种类	采摘时间	品质特征
春茶	3月下旬到5月中旬之前采制的茶叶	春季温度适中，雨量充分，再加上茶树经过了冬季的休养生息，使得春季茶芽肥硕，色泽翠绿，叶质柔软，且含有丰富的维生素，特别是氨基酸，不但使春茶滋味鲜活，且香气宜人，富有保健作用
夏茶	5月初至7月初采制的茶叶	夏季天气炎热，茶树新的梢芽叶生长迅速，使能溶解茶汤的水浸出物含量相对减少，特别是氨基酸等的减少使得夏茶茶汤滋味、香气多不如春茶强烈，由于带苦涩味的花青素、咖啡因、茶多酚含量比春茶多，不但使紫色芽叶增加、色泽不一，而且滋味较为苦涩
秋茶	8月中旬以后采制的茶叶	秋季气候条件介于春夏之间，茶树经春夏二季生长，新梢芽内含物质相对减少，叶片大小不一，叶底发脆，叶色发黄，滋味和香气显得比较平和
冬茶	10月下旬开始采制的茶叶	冬茶是在秋茶采完后，气候逐渐转冷后生长的。因冬茶新梢芽生长缓慢，内含物质逐渐增加，所以滋味醇厚，香气浓烈

二、按生长环境分类

茶的种类按生长环境可以分为如表3-2所示的几种。

表3-2　茶的种类特征（以生长环境分类）

茶类	介绍	品质特征
平地茶	地势低平，生长在海拔100米以下的茶树	茶芽叶较小，叶底坚薄，叶张平展，叶色黄绿欠光润。加工后的茶叶条索较细瘦，骨身轻，香气低，滋味淡
高山茶	由于环境适合茶树喜温、喜湿、耐阴的习性，故有"高山出好茶"的说法。随着海拔的不同，形成了高山环境的独特特点，从气温、降水量、湿度、土壤到山上的树木，这些环境为茶树以及茶芽的生长提供了得天独厚的条件	高山茶与平地茶相比，高山茶芽叶肥硕，颜色绿，茸毛多。加工后茶叶条索紧结、肥硕，白毫显露，香气浓郁且耐冲泡
丘陵茶	生长在海拔100~800米的茶树	品质介于高山茶和平地茶之间

三、按发酵程度分类

按照发酵程度，可将茶分为不发酵茶、半发酵茶、全发酵茶。在茶的六大品类中，发酵程度可依次递增，按序排列为：绿茶、白茶、黄茶、乌龙茶、红茶、黑茶。

四、再加工茶

再加工茶是指以各种毛茶或精制茶再加工而成的茶，包括花茶、紧压茶、液体茶、速溶茶及药茶等（见表3-3）。

表3-3 再加工茶的主要种类

茶类	介绍
药茶	将药物与茶叶配伍，制成药茶，以发挥和加强药物的功效，利于药物的溶解，增加香气，调和药味。这种茶的种类很多，如"午时茶""姜茶散""益寿茶""减肥茶"等
花茶	用花香增加茶香的一种产品，在我国很受欢迎。一般是用绿茶做茶坯，少数也有用红茶或乌龙茶做茶坯的，根据茶叶容易吸附异味的特点，以香花加工而成。所用的花品种有茉莉花、桂花、珠兰等，以茉莉花最多

第二节　茶的加工工艺

一、绿茶

绿茶为不发酵茶（发酵度为0），绿茶的特点是"叶绿汤清"。根据加工时干燥的方法不同，绿茶可分为炒青绿茶、烘青绿茶、蒸青绿茶和晒青绿茶。按形状分有条形、圆形、扁形、片形、针形、卷曲形等，香气的类型则有豆香型、板栗香型，还有花香型和鲜爽的毫香型，滋味鲜爽回甘、浓醇，具有收敛性（见图3-1）。

图3-1　绿茶

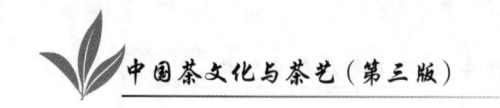

加工工艺：鲜叶—杀青—揉捻—干燥。

绿茶代表：西湖龙井、碧螺春、信阳毛尖、六安瓜片、安吉白茶、太平猴魁、黄山毛峰等。

二、白茶

白茶属于轻微发酵茶，外形毫心肥壮，叶张肥嫩，叶态自然伸展，叶缘垂卷，芽叶连枝，毫心银白，叶色灰绿或者铁青色，汤色黄亮明净，毫香显著，滋味鲜醇，叶底嫩匀，要求鲜叶"三白"，即嫩芽及两片嫩叶满披白色茸毛。

加工工艺：鲜叶—萎凋—烘焙（阴干）—挑剔—复火。白茶的工艺较为简单，为室内自然晾干或者烘干。不发酵、不揉捻，很少对其进行人工干预。

白茶代表：白毫银针、白牡丹、寿眉（见图3-2、图3-3、图3-4）。主要产地是福建的福鼎、政和、松溪和建阳等地。

图 3-2　白毫银针

图 3-3　白牡丹

图 3-4　寿眉

三、黄茶

黄茶是轻发酵茶（发酵度为10%~20%），与绿茶相比，黄茶在干燥前或干燥后增加了一道"闷黄"的工序，因此黄茶香气变纯、滋味变醇。黄茶的基本特点为"黄汤黄叶"，汤色黄亮，滋味醇厚回甘。黄茶又分为黄芽茶、黄小茶和黄大茶。

加工工艺：鲜叶—杀青—揉捻—闷黄—干燥。

黄茶代表：君山银针、霍山黄芽、沩山毛尖（见图3-5）。

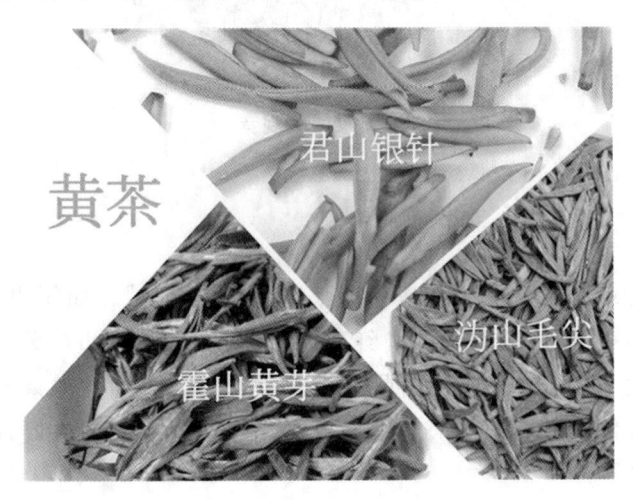

图 3-5　黄茶

四、青茶

青茶又称乌龙茶，是半发酵的一类茶叶（发酵度为20%~70%）。总体上而言，按工艺划分为浓香型和清香型，也即传统工艺和现代工艺之分，但具体的花色品类之间仍然有较大的差异。

青茶按地域可分为闽北乌龙、闽南乌龙、广东乌龙和台湾乌龙。传统工艺讲究金黄靓汤，绿叶红镶边，三红七绿发酵程度，总体风格香醇浓滑且耐冲泡；而新工艺讲究清新自然，形色翠绿，高香悠长，鲜爽甘厚，如铁观音（见图3-6）。闽北的武夷岩茶和其他各类青茶相比有较大的差异，主要是岩茶后期的炭焙程度较重，色泽乌润，汤色红橙明亮，有较重的火香或者焦炭味，口味较重，但花香浓郁，回甘持久，如大红袍，在火味中透着纯天然的花香，也是十分难得。青茶的香型较多，一般为花香、果香。铁观音的特点是兰花香馥郁，滋味醇滑回甘；单丛的特点是香高味浓，非常耐冲泡，回甘持久；台湾乌龙口感醇爽，花香浓郁，清新自然。

加工工艺：鲜叶—晾青—做青—杀青—揉捻—包揉做型—干燥—精制。

青茶代表：大红袍、水仙、肉桂、铁观音、单丛、台湾高山乌龙、冻顶乌龙等。

图3-6 铁观音

五、红茶

红茶为深发酵或者全发酵茶，基本特点为"红汤红叶"，如祁门红茶、江西宁红。红茶与绿茶的区别在于加工方法不同。红茶加工时不经杀青，直接萎凋，使鲜叶失去一部分水分，再揉捻（揉搓成条或切成颗粒），然后发酵，使所含的茶多酚氧化，变成红色的化合物。这种化合物一部分溶于水，一部分不溶于水，积累在叶片中，从而形成红汤、红叶（见图3-7）。

红茶的种类较多，产地较广，按其加工的方法与出品的茶形，主要有工夫红茶、红碎茶和小种红茶三大类。工夫红茶滋味要求醇厚带甜，汤色红浓明亮，果香浓郁，发酵较为充分；而红碎茶要求汤味浓、强、鲜，发酵程度略轻，汤色橙红明亮，香气略清（见图3-8）；而小种红茶是采用小叶种茶树鲜叶制成的红茶，并加以炭火烘烤，如武夷山的正山小种，具有桂圆味、松烟香。

图 3-7 红茶

图 3-8 红碎茶

加工工艺：鲜叶—萎凋—揉捻—发酵—干燥，其中萎凋与发酵是红茶制茶过程中最关键的两个步骤。

典型代表：正山小种、祁红（安徽祁门）、滇红（云南）、川红（四川宜宾）、宁红等。

六、黑茶

黑茶是一种后发酵的茶叶，其发酵过程中有大量微生物的形成和参与，使黑茶香味变得更加醇和，汤色橙黄带红，干茶和叶底色泽则较暗褐。按外形可分为散茶和紧压茶等，有饼状、砖状、沱状和条状，香型有陈香或者樟香等。黑茶中的六堡茶有松木烟味和槟榔味，汤色深红透亮，滋味醇厚回甘。

加工工艺：鲜叶—杀青—揉捻—渥堆发酵—干燥。

典型代表：湖南黑毛茶、湖北老青茶、广西六堡茶、云南普洱茶和四川边茶。

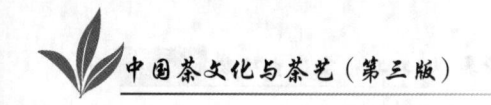

第三节 茶的养生功效

茶是世界六大健康饮品之一,现代大量科学研究证实,茶叶确实含有与人体健康密切相关的生化成分。茶叶不仅具有提神、清心、清热解暑、消食化痰、去腻减脂、清心除烦、解毒醒酒、生津止渴、降火明目、止痢除湿等药理作用,还对现代疾病,如心脑血管疾病、糖尿病等有一定的药理功效。

一、茶的保健作用

(一)降血脂、血糖

饮茶具有降血脂的作用,特别是茶叶中的酯型儿茶素具有降低低密度脂蛋白(LDL)和提高高密度脂蛋白(HDL)的功效。LDL可导致动脉粥样硬化,HDL则起拮抗作用。而茶叶中丰富的多酚类物质可通过调节脂质代谢、抗凝、促纤溶及抑制血小板聚集、抑制动脉平滑肌细胞增生、影响血液流变学特性等多种机制,从多个环节对心血管疾病起到一定的作用。茶叶中的茶多糖具有明显的降血糖作用。李布青等人的研究表明,茶多糖不仅能显著地降低正常小白鼠的血糖浓度,还能完全对抗肾上腺素和四氧嘧啶所致的高血糖,其对糖代谢的影响与胰岛素类似。因此,茶多糖可用于保健食品和糖尿病的辅助治疗。在我国和日本民间,常有用粗老茶治疗糖尿病的经验。临床试验表明,将粗老茶用温水冲泡饮用,治疗糖尿病的有效率达70%以上。研究表明,茶叶越粗老、等级越低,多糖含量越高,如乌龙茶(见图3-9)。

图3-9 乌龙茶

（二）降血压

茶叶对高血压的预防主要表现在茶多酚的作用上。茶多酚能降低外周血管阻力，增强血管壁弹性和调节血管壁透性；茶叶中的咖啡因和儿茶素类化合物能使血管壁松弛，增加血管的有效直径，通过血管舒张使血压下降；此外，茶叶中的皂苷和γ-氨基丁酸也具有降血压的作用。日本开发的一种降压茶（高γ-氨基丁酸茶）完全采用茶树鲜叶，经过特殊的处理加工工艺，使茶叶中的γ-氨基丁酸含量增加到1500毫克/千克以上，是普通茶的10~30倍，而其他主要成分如儿茶素、茶氨酸等含量保持不变。动物试验和临床试验证明，该茶比普通茶具有更好的降压效果。

（三）抗衰老、抗氧化

茶叶的抗氧化作用多指其清除自由基的作用，从而有益于延缓机体的衰老。茶叶中的多酚类物质及其氧化产物具有丰富的活性羟基，是天然的抗氧化物质，其清除自由基的能力高于维生素E和维生素C。茶多酚可与蛋白质等生物大分子通过氢键结合，从而影响酶的活性，实现抗氧化、抗衰老。

（四）抗癌、抗细胞突变

茶叶通过对代谢的调节阻断和抑制DNA的复制、修复、增生和转移等作用而实现抗癌、抗细胞突变。茶多酚及其氧化产物和茶多糖能引发肿瘤细胞衰亡，强化正常细胞抵御致癌物的侵袭。儿茶素类化合物能抑制具有癌症促发作用的酶的活性，促进具有抗癌作用的酶的活性。研究表明，各种茶叶对人体致癌性亚硝基化合物均有不同程度的抑制和阻断作用，其中尤以绿茶和乌龙茶的效果最为显著。此外，清除自由基也是抗癌、抗细胞突变的重要机制。茶多酚，特别是酯型儿茶素具有很强的清除自由基的能力。

（五）防辐射

茶叶中的多酚类化合物有吸收放射性物质，并阻止其在体内扩散的作用。茶多酚同时还参与体内的氧化还原反应，修复有关生理功能，防治内出血。此外，茶叶中的谷胱甘肽和脂多糖也已经被证实有抗放射损伤的功效。

（六）杀菌、抗病毒

在古代，茶叶就被用于杀菌消炎。茶多酚对伤寒杆菌、副伤寒杆菌、黄色溶血性葡萄球菌、金黄色链球菌等多种病原细菌具有明显的抑制作用。茶多酚具有抗菌广谱性，并具有极强的抑菌能力，而且茶多酚的抗菌性不会产生耐药性，此外，茶叶中的茶皂苷也有较强的抗菌活性。

（七）助消化

茶叶中的儿茶素和咖啡因能使人体消化道松弛，提高胃液分泌量，增强对食物的吸收率，促进食物消化。另外，茶叶中还含有一些具有调节脂肪代谢功能的成分，如维生

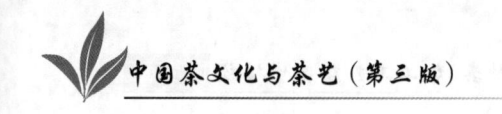

素类、氨基酸类、脂类、芳香物质等。

二、部分养生茶配方

（一）玫瑰花茶

配方：干玫瑰花 6~10 朵，放入茶杯中，冲入热水，即可饮用。

功效：玫瑰花性温味甘，适合肝胃气痛、胸口腋下胀满疼痛及易怒者饮用。

（二）荷楂菊茶

配方：以荷花（6克）、山楂（15克）、金银花（3克）、菊花（10克）组成。把这些材料加入500毫升的清水中，煮沸即可饮用。

功效：荷花性甘平温，清肺热，祛湿消肿；山楂酸甘，行瘀血；金银花甘寒，清热。

注意：容易疲倦、溏便（中医指大便稀薄）、脸色苍白者不适合饮用。

（三）杞菊药茶

配方：由枸杞子、白菊花各10克组成。把这些材料用沸水泡浸10分钟，即可饮用。

功效：菊花味甘苦；枸杞甘平，滋阴润燥。视力不好、口干、头晕目眩者适合服用。

注意：手足冰冷、脾虚、易腹泻者不适合饮用。

（四）决明子茶（亦称决明茶）

配方：将30克决明子捣碎，煎煮成茶水。

功效：散热明目，润肠通便，适用于经常头晕烦躁、便秘、口干口苦的人。

注意：腰酸尿频、肾阳虚弱者不适合饮用。

（五）陈皮茶

配方：将干橘子皮10克洗净，撕成小块，放入茶杯中，用开水冲入，盖上杯盖闷10分钟左右，然后去渣，放入少量白糖。稍凉后，放入冰箱中冰镇一下更佳。

功效：常饮此茶，既能消暑，又能止咳、化痰、健胃。

（六）桑菊茶

配方：将桑叶、白菊花各10克，甘草3克放入锅中稍煮，然后去渣叶，加入少量白糖，桑菊茶便制成了。

功效：常饮桑菊茶，可清肺润喉、清肝明目，对风热感冒也有一定疗效。

（七）竹荪银耳茶

配方：干竹荪10克，银耳10克，乌龙茶10克，冰糖适量。将竹荪、银耳洗净，加冰糖炖烂，乌龙茶用沸水冲泡 3 分钟后，取茶汤注入银耳竹荪中，再炖一会儿即可连汤服食。

功效：可清心明目、滋阴润肺。

茶叶已成为 21 世纪极受欢迎的健康饮料，因此，要提倡科学饮茶和适量饮茶。可以说，茶对人体健康有百利而无一害，这正是中华茶文化与养生关系密切的物质基础。

综上所述，中华茶文化是我国传统饮茶风俗和品茗技艺的结晶，具有历史传承的深厚意蕴。比起现代社会的各类饮料，茶更是绝佳的保健养生之选。

【复习与思考】

1. 茶的分类标准有哪些？
2. 试论述六大茶类（绿茶、白茶、黄茶、乌龙茶、红茶、黑茶）的加工工艺及关键工序。
3. 茶的保健功效主要包括哪些？试介绍几种养生茶的主要配方。

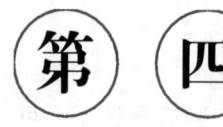

第四章 茶叶的储存与投资价值

本章导读

本章介绍了茶叶变化的实质机制、影响茶质变化的因素、茶叶包装的功能和分类以及储存方法。同时介绍了中国茶叶的生产、销售情况，分析了茶叶投资应注意的问题。

【学习目标】

了解茶叶变化的实质、影响茶质变化的因素，掌握茶叶的包装及储存方法。了解中国茶叶的生产、销售情况以及茶叶市场特点，了解茶叶投资应注意的相关问题。

第一节 茶叶包装及储存

茶叶是干燥食品，储存时间很长，但是茶叶的"形、色、香、味"会随时间而产生变化。随着经济的快速发展，人们越发关注身体健康，对食品早已不是单纯为了满足口腹之欲，而是更加注重其养生保健功能，食品从普通健康型发展成养生保健型已成为必然趋势。茶叶作为养生保健品的代表之一，要使其养生保健效果发挥到最佳，首先需要做好茶叶的包装及储存工作。生产实践和科学研究都表明，不当的包装和储存条件会使茶叶的内涵品质和感观风味在储存过程中发生变化，从而影响茶叶的饮用价值和经济价值。包装就是为了保证茶叶在保质期内质量不受或少受影响，有效并适当地延长茶叶的保鲜期，让消费者能够买到色、香、味、形都保存完好的茶叶产品。茶叶储存就是在茶叶基本包装的基础上确保茶叶保持原有品质的一个过程。

一、茶质变化的实质

茶叶品质变化，实质上是其内含化学成分的变化。许多研究表明，成茶内含成分的自动氧化聚合、降解是茶叶陈化劣变的根本原因。

（一）多酚类物质的氧化

多酚类物质是影响茶叶滋味的主要化学成分。儿茶素类是构成茶多酚的主要成分，其分子结构中存在的酚性羟基容易发生氧化、聚合等反应，茶叶品质下降主要是由于儿茶素的大量氧化所致。

（二）氨基酸的氧化和降解

氨基酸是构成茶叶感观品质的重要化学成分，对茶汤的滋味品质有特殊意义，同时，氨基酸也是茶叶香味形成和转化的重要物质。有实验表明，绿茶在室温条件下储存6个月，其氨基酸总量基本不变，但是组间成分变化相差较大，约50%的茶氨酸被降解；除此之外，对品质起主导作用的谷氨酸、天冬氨酸、精氨酸等大量被氧化、降解。

（三）脂类物质的氧化

脂类物质是构成茶叶香气的重要化学成分。亚油酸、亚麻酸等不饱和脂肪酸是茶叶香气生成的前体物质，这些不饱和脂肪酸容易在氧气作用下氧化生成醛、酮、醇等物质，从而使茶叶产生陈陈味。

（四）维生素C的自动氧化

维生素C在绿茶中含量较为丰富，并且在储存过程中非常容易发生氧化。研究显示，在一般条件下储存，绿茶中维生素C含量的下降率大于品质下降率。维生素C含量下降10%~15%时，就能从感观上辨析出其品质的劣变。

此外，茶叶中叶绿素的降解和水浸出物的下降也影响了茶叶品质的陈化和劣变。

二、影响茶质变化的因素

（一）内在因素

内在因素是指成茶的含水量，有研究表明，储存茶叶水分含量的标准一般以3%~5%为宜。常温储存状态下，含水量低于3%的茶叶品质变化小；含水量高于6%时，茶叶品质会大幅降低。尤其是在南方气候条件下，成茶含水量对内含物的保存率影响较大，含水量低于5%时，茶叶有效成分损失比较少；当含水量超过6%时，茶叶存放3个月后会产生陈气，茶汤颜色加深，失去茶叶鲜香的口感。

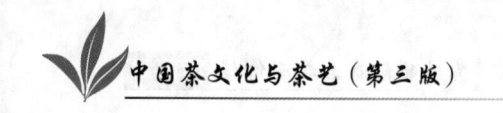

（二）外在因素

外在因素包括光线、温度、氧气等。光线的照射会引起茶叶中叶绿素等物质的氧化，变成棕黄色；光还能使茶叶变成"日晒味"，从而降低茶叶原有的香味。温度也是影响茶叶品质变化的重要因素，有研究指出，温度相差10℃，化学反应的速率相差3~5倍。高温会加剧茶叶内含物质的氧化，导致茶叶品质劣变速度加快。茶叶在储存过程中内含的醛类、茶多酚、还原酮类等化合物都能单独或混合进行氧化反应，从而使绿茶汤色变红、红茶汤色变褐，茶叶香气减弱且出现陈味。研究表明，茶叶在低氧状态下储存，品质保持得较好。

三、茶叶的包装

（一）包装的功能

根据《辞海》中的解释，"包"有包藏、包裹、收纳的意思，"装"有装束、装扮、装载等意思。传统意义上的"包装"具有以下功能。

（1）保护功能是包装最基本的功能。由于茶叶的陈化劣变主要受到水、光线、温度、氧气等因素的影响，因而，茶叶的包装最重要的就是保护被包装的商品，减少外界因素的影响，延长其保鲜期。

（2）收纳功能，即收集、存放和储存茶叶。

（3）方便功能，即便于携带和使用，便于保管和储存。

（4）美观功能。精美别致的包装具有文化属性和审美价值，能传递茶叶的产品定位。一方面，满足消费者的精神需求和审美需求；另一方面，促进茶叶产品的销售。

（二）包装的材料

茶叶产品的包装越来越趋于多元化，分类方法很多。以大小划分，可以分为大包装和小包装。大包装指的是运输包装，主要是用于运输和仓储，一般使用木箱、瓦楞纸箱或者用锡桶、白铁桶；小包装即销售包装，用于保护、销售、宣传、陈列，携带较为方便。以材料质地划分，可以分为软包装、半硬包装和硬包装3类。软包装主要指复合薄膜袋和纸袋。复合薄膜在印刷性、阻气性、防潮性、保香性、防异味性等方面表现良好。加有铝箔的复合薄膜性能更加出色，如具有极佳的遮光性等。但是，复合薄膜也存在一定的缺点，比如对茶叶的保护功能较弱，因此一般用于简易性的茶叶产品单独包装中。纸袋包装则常用于袋泡茶，袋泡茶的包装材质为薄滤纸，可连纸袋一起放入水中。随着人们生活节奏的加快，袋泡茶迎合了越来越多年轻人对茶叶的消费需求。半硬包装指的是纸复合罐包装，属于一种较新型的包装材料。其上下盖是用金属制成的，罐身则是由胶版纸、聚乙烯、纸板铝箔等复合制成的。纸复合罐比金属罐要轻、防水、防潮、保鲜效果较好，同时具有更强的包装可塑性，且环保、易回收。硬包装指的是镀金盒、竹盒、木盒以及玻璃罐、瓷罐、金属罐等。其中，金属罐包装的一般材质为镀锡薄钢板，主要是天地盖式包装结构，常见的有筒形和方形，多用于礼品包装内的小包装和简单的独立包装。金属罐具有良好的密封性、防潮性和防破损性，因而是茶叶包装非常理想的材料，但是制作成本和运输费用较高。

四、茶叶的储存方法

中国传统的茶叶储存方法有石灰储存、木炭密封储存、热水瓶储存、热装真空法等，但是这些方法并不适合现代大规模的茶叶储存、运输、销售等需要。目前，生产生活中运用较多的储存保鲜技术有低温冷藏技术、真空或抽气充氮技术、除氧剂除氧保鲜技术等。

（一）低温冷藏技术

低温冷藏技术是目前效果最好、应用最为广泛的保鲜技术。在低于4℃的低温条件下，茶多酚等茶叶内含物质的化学反应速率会明显减缓，故而能使茶叶的色、香、味等保持良好的品质状态。综合考虑茶叶低温冷藏技术的保质效果和经济成本，当空气相对湿度保持在65%以下时，冷藏温度应控制在0～8℃。如果采用的是密封性能较好的包装材料，在低于5℃的温度条件下可以保持8～12个月，且茶叶品质基本完好。低温冷藏技术的缺点是设备投入较大、使用成本较高。

用于茶叶冷藏的冷库从形式上主要分为组合式冷库和固定式冷库。组合式冷库容积在10～100立方米，可以拆卸、重新组装，安装灵活方便，保温效果好，但是价格较高，适用于小型企业和高档茶叶零售。固定式冷库多为企业自建使用，容积相对较大，投资却相对较小，并且制冷设备的选择余地较大，适用于大规模储存茶叶。

由于冷库内外温差较大，当从冷库取出茶叶时，应先将其放置至接近室温时再开封。若茶叶出库后立即开封，空气中的水蒸气遇到冷茶叶会液化形成小水珠附着于茶叶表面，从而使茶叶受潮，加速陈化、劣变。

（二）真空或抽气充氮技术

真空技术和抽气充氮技术都需要采用阻气（阻氧）性能好的铝箔或其他两层以上的复合膜材料，或者铁质、铝质易拉罐作为包装材料。

真空技术是利用真空包装机将包装袋或者包装罐内的空气抽出并立即封口，使茶叶包装内形成相对真空的环境。真空技术能降低包装内的氧气含量，抑制茶叶氧化劣变，从而达到保鲜保质的目的。由于一次抽气后氧气含量依然较高，目前又发明了二次真空包装技术。二次真空包装技术是指在第一次将包装袋内空气抽出后充入氮气，然后再将包装袋内的气体抽出，形成真空状态，这种方法进一步减少了包装袋内的含氧量，保鲜效果相对较好。但是真空技术也使茶叶包装袋缩成硬块状，外加的压力容易使茶叶条索断裂甚至碎化，极大地影响了茶叶外形的完整性。此外，抽气后包装表面并不平整，影响美感，需要增加外包装。

抽气充氮技术中对氮气纯度要求较高，但是在实际操作过程中，氮气往往纯度不高而含水量较高，故而其保鲜效果反而不如真空包装。真空技术和抽气充氮技术设备的投入成本较高，适用于大中型企业。

（三）除氧剂除氧保鲜技术

除氧剂除氧保鲜技术是利用除氧剂吸收包装内的氧气，从而使茶叶储存达到绝氧的状态。选用密封性较好的复合膜容器，容器内装入茶叶后再加入1包除氧剂，然后封口，除氧剂可使容器内的氧气浓度在24小时内降到0.1%以下，并且能在较长时间让包装内的茶叶处于绝氧状态。除氧剂除氧保鲜技术具有保鲜效果明显、成本较为低廉、方法比较简便、实用性较强等特点，适用于各种规模的企业。

低温冷藏、真空和抽气充氮、除氧等保鲜技术各有所长，也各有所短，要根据实际情况选用不同的方法，而几种保鲜技术的综合使用也会使茶叶的保鲜效果更加出色。

（四）家庭用茶的储存保鲜

目前，家用冰箱已经相当普及，故而用冰箱低温冷藏茶叶是个很好的办法。只需将干茶装入瓶、罐、袋中密封后，放入冰箱的冷冻室即可，简单方便且效果十分明显。在条件不具备的情况下，可以采用玻璃瓶储存法，即采用深色的玻璃瓶或在浅色玻璃瓶内加黑纸避光，然后将干茶装入瓶中，密封保存，茶叶可保持较长时间。罐听储存法是将茶叶放入铁听或锡罐中密闭保存，置于阴凉处。热水瓶储存法是将茶叶放入干燥的热水瓶中，将瓶盖拧紧，保温和避光效果较好。茶叶在储存时需注意：①密封保存，防止茶叶受潮；②避光，光线容易使茶叶劣变；③防止串味，茶叶具有较强的吸附力，极易吸入异味，发生劣变。

第二节　茶叶的投资价值

2023年，中国茶产业在"三茶"统筹思想的指导下，积极应对有效内需不足、外需较弱且复杂多变的市场环境，顺势而为、优化调整，确保了基本盘的稳定。2023年内，过度包装治理工作有序推进，各地茶事活动精彩纷呈，新中式茶饮产业持续高歌猛进并谋划海外布局，澜沧古茶在港股挂牌为传统原叶茶产业登陆资本市场提供了新的想象空间，"非遗""国潮""调饮"等消费新热点也持续显现。与此同时，茶文化、茶科技对提振产业给予了有力支撑——普洱景迈山古茶林文化景观入选世界遗产，文化和旅游部启动"茶和天下·雅集"，以及"茶·世界：茶文化特展""茶中日月长：亚洲茶文化展"等活动，为巩固中国茶的国际地位、坚定国人的文化自信上分加码；由中国科学家团队主导的国际标准ISO 20715：2023《茶叶分类》于4月正式发布，预计将于2028年在世界海关协调制度中正式应用,为国际贸易中的中国茶提供了重大支持和广阔空间。

一、我国茶叶市场分析①

2023年,全国茶叶生产克服旱涝天气等不利影响,茶叶种植面积及产量、产值稳定增长,绿色低碳转型、技术集成示范持续推进,产业路径多元化、产业链细分化的趋势明显,多地实现"单季茶"向"三季茶"扩容。各产区高度重视品牌建设与市场拓展,茶事活动空前兴盛,持续带动农民增收效果明显。

(一)我国茶叶生产情况

1. 茶园面积缓增可控

近年来,各地重视控制茶园面积规模增长,新增茶园的面积增幅持续收窄。2023年全国茶园面积5149.76万亩,同比增加154.36万亩,增幅3.09%,其中超过500万亩的省份是湖北、四川、贵州、云南(见表4-1)。全国已开采茶园面积为4650.16万亩,同比增加110.27万亩,目前仍有499.6万亩新茶园未开采。

表4-1　2023年度全国茶园总面积

省份	2023年(万亩)	2022年(万亩)	增减数(万亩)	增减比例(%)
江苏	49.26	51.00	-1.74	-3.41
浙江	311.70	310.50	1.20	0.39
安徽	320.00	307.52	12.48	4.06
福建	368.00	352.05	15.95	4.53
江西	185.00	175.70	9.30	5.29
山东	53.10	40.51	12.59	31.08
河南	215.00	175.11	39.89	22.78
湖北	564.00	558.03	5.97	1.07
湖南	330.00	310.82	19.18	6.17
广东	149.52	149.30	0.22	0.15
广西	155.20	151.73	3.47	2.29
海南	3.62	3.56	0.06	1.69

---

① 资料来源:2023年度中国茶叶产销形势报告。

续表

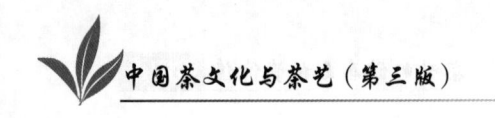

省份	2023年（万亩）	2022年（万亩）	增减数（万亩）	增减比例（%）
重庆	108.50	85.20	23.30	27.35
四川	598.00	605.38	-7.38	-1.22
贵州	700.00	708.34	-8.34	-1.18
云南	770.27	756.92	13.35	1.76
陕西	250.59	235.73	14.86	6.30
甘肃	18.00	18.00	0.00	0.00
合计	5149.76	4995.40	154.36	3.09

（数据来源：中国茶叶流通协会）

2. 茶叶产量稳定增长

受干旱气候影响，2023年全国早春茶略有减产，但春茶季后期以及夏秋茶产量的明显提升带动了全年茶叶产量持续增长。据统计，2023年全国干毛茶总产量为333.95万吨，同比增长15.85万吨，增幅4.98%。产量超过30万吨的省份有福建、湖北、四川、贵州、云南，尤其是福建、云南，均超过40万吨，分列全国干毛茶总产量第一名、第二名（见表4-2）。

表4-2　2023年度全国干毛茶总产量

省份	2023年（吨）	2022年（吨）	增减数（吨）	增减比例（%）
江苏	10500.00	10400.00	100.00	0.96
浙江	201700.00	193500.00	8200.00	4.24
安徽	173200.00	154100.00	19100.00	12.39
福建	483200.00	459674.38	23525.62	5.12
江西	76900.00	83700.00	-6800.00	-8.12
山东	40650.00	31601.65	9048.35	28.63
河南	102005.00	94282.65	7722.35	8.19
湖北	347730.00	314515.25	33214.75	10.56
湖南	268400.00	247542.86	20857.14	8.43
广东	150018.00	148000.00	2018.00	1.36
广西	123900.00	130300.00	-6400.00	-4.91
海南	800.00	844.60	-44.60	-5.28

续表

省份	2023年（吨）	2022年（吨）	增减数（吨）	增减比例（%）
重庆	52000.00	47300.00	4700.00	9.94
四川	379250.00	366292.67	12957.33	3.54
贵州	361900.00	344857.78	17042.22	4.94
云南	439230.00	432904.09	6325.91	1.46
陕西	125800.00	119689.49	6110.51	5.11
甘肃	2300.00	1533.49	766.51	49.98
合计	3339483.00	3181038.91	158444.09	4.98

（数据来源：中国茶叶流通协会）

3. 茶叶产值同步提升

2023年，全国干毛茶总产值为3296.68亿元，同比增加116.01亿元，增幅3.65%。产值增长较大的省份有云南、福建、安徽、湖南，而产值下降较大的省份有河南、陕西、山东、贵州（见表4-3）。

表4-3　2023年度全国干毛茶总产值

省份	2023年（万元）	2022年（万元）	增减数（万元）	增减比例（%）
江苏	301163.86	327400.00	-26236.14	-8.01
浙江	2863600.00	2640005.00	223595.00	8.47
安徽	2101700.00	1826000.00	275700.00	15.10
福建	3695000.00	3095785.52	599214.48	19.36
江西	778200.00	714000.00	64200.00	8.99
山东	634000.00	739333.31	-105333.31	-14.25
河南	1463100.00	1876237.13	-413137.13	-22.02
湖北	2345700.00	2172913.69	172786.31	7.95
湖南	2037000.00	1770088.00	266912.00	15.08
广东	1909300.00	1791325.06	117974.94	6.59
广西	1193500.00	1246558.00	-53058.00	-4.26
海南	15400.00	14997.14	402.86	2.69
重庆	482200.00	460300.00	21900.00	4.76
四川	3867300.00	3671855.71	195444.29	5.32

续表

省份	2023年（万元）	2022年（万元）	增减数（万元）	增减比例（%）
贵州	4454000.00	4980000.00	-526000.00	-10.56
云南	3020747.00	2322138.82	698608.18	30.08
陕西	1771200.00	2126474.23	-355274.23	-16.71
甘肃	33700.00	31340.21	2359.79	7.53
合计	32966810.86	31806751.82	1160059.04	3.65

（数据来源：中国茶叶流通协会）

4. 茶类结构基本稳定

从茶产量方面看，2023年，全国绿茶产量193.4万吨，同比增长8.0万吨，增幅4.3%，占总产量的57.9%；红茶49.1万吨，同比增长0.9万吨，增幅1.9%，占总产量的14.7%；黑茶45.8万吨，同比增长3.2万吨，增幅7.4%，占总产量的13.7%；乌龙茶33.3万吨，同比增长2.2万吨，增幅6.9%，占总产量的10.0%；白茶10.0万吨，同比增长0.6万吨，增幅6.0%，占总产量的3.0%；黄茶2.3万吨，同比增长1.0万吨，增幅78.4%，占总产量的0.7%（见表4-4）。

表4-4　2023年中国六大茶类产量统计

茶类	2023年（吨）	2022年（吨）	增长量（吨）	增长率（%）
绿茶	1934000	1853819	80181	4.3
红茶	491200	482018	9182	1.9
黑茶	458000	426326	31674	7.4
乌龙茶	332830	311318	21512	6.9
白茶	100200	94522	5678	6.0
黄茶	23253	13036	10217	78.4

（数据来源：中国茶叶流通协会）

从产值方面看，2023年，全国绿茶产值2060.6亿元，占总产值的62.5%；同比增长2.4亿元，增幅0.1%。红茶519.7亿元，占总产值的15.8%；同比增长10.3亿元，增幅2.0%。黑茶310.4亿元，占总产值的9.5%；同比增长41.8亿元，增幅15.6%。乌龙茶288.5亿元，占总产值的8.7%；同比增长33.7亿元，增幅13.2%。白茶87.0亿元，占总产值的2.6%；同比增长9.0亿元，增幅11.6%。黄茶30.5亿元，占总产值比重为0.9%；同比增长18.7亿元，增幅159.2%（见表4-5）。

表 4-5　2023 年中国六大茶类干毛茶产值统计

茶类	2023 年（万元）	2022 年（万元）	增长量（万元）	增长率（%）
绿茶	20606224	20581923	24301	0.1
红茶	5197387	5094658	102729	2.0
黑茶	3104000	2685630	418370	15.6
乌龙茶	2884500	2547577	336923	13.2
白茶	869600	779277	90323	11.6
黄茶	305100	117688	187412	159.2

（数据来源：中国茶叶流通协会）

（二）我国茶叶内销市场分析

2023 年，受消费需求缓慢复苏等因素的影响，中国茶叶内销总量基本持平，内销总额小幅回调，总体表现不及预期（见表 4-6）。

表 4-6　2023 年度中国茶叶内销数据统计

年份	2023 年	2022 年	增长值	增长率（%）
内销总量（万吨）	240.4	239.6	0.8	0.3
内销总额（亿元）	3346.7	3395.4	-48.7	-1.4
内销均价（元/千克）	139.2	141.6	-2.4	-1.7

（数据来源：中国茶叶流通协会）

1. 内销总量基本持平

2023 年，全国茶叶内销总量 240.4 万吨，同比增长 0.8 万吨，增幅 0.3%。六大茶类中，内销量占比较大的绿茶和红茶出现小幅下降，其余茶类略有上升。具体来看，绿茶内销量 128.9 万吨，同比减少 1.7%，占总内销量的 53.6%；红茶 37.9 万吨，同比减少 0.5%，占总内销量的 15.8%；黑茶内销 37.8 万吨，同比增长 3.8%，占总内销量的 15.7%；乌龙茶内销 25.6 万吨，同比增长 3.2%，占总内销量的 10.7%；白茶内销 8.3 万吨，同比增长 2.5%，占总内销量的 3.4%；黄茶内销 1.9 万吨，同比增长 72.7%，占总内销量的 0.8%（见表 4-7）。

表 4-7　2023 年中国六大茶类内销量统计

茶类	2023 年（万吨）	2022 年（万吨）	增长量（万吨）	增长率（%）
绿茶	128.9	131.1	-2.2	-1.7
红茶	37.9	38.1	-0.2	-0.5

续表

茶类	2023年（万吨）	2022年（万吨）	增长量（万吨）	增长率（%）
黑茶	37.8	36.4	1.4	3.8
乌龙茶	25.6	24.8	0.8	3.2
白茶	8.3	8.1	0.2	2.5
黄茶	1.9	1.1	0.8	72.7
总计	240.4	239.6	0.8	0.3

（数据来源：中国茶叶流通协会）

2. 内销总额小幅回调

2023年，全国茶叶内销总额3346.7亿元，同比减少48.7亿元，回调约1.4%。其中，绿茶内销额1978.3亿元，同比减少6.3%，占内销总额的59.1%；红茶内销额560.9亿元，同比减少0.6%，占内销总额的16.8%；黑茶内销额358.6亿元，同比增加11.6%，占内销总额的10.7%；乌龙茶内销额311.0亿元，同比增加9.3%，占内销总额的9.3%；白茶内销额107.5亿元，同比增长7.0%，占内销总额的3.2%；黄茶内销额30.4亿元，同比增长114.1%，占内销总额的0.9%（见表4-8）。

表4-8　2023年中国六大茶类内销额统计

茶类	2023年（亿元）	2022年（亿元）	增长量（亿元）	增长率（%）
绿茶	1978.3	2110.5	-132.2	-6.3
红茶	560.9	564.2	-3.3	-0.6
黑茶	358.6	321.4	37.2	11.6
乌龙茶	311.0	284.6	26.4	9.3
白茶	107.5	100.5	7.0	7.0
黄茶	30.4	14.2	16.2	114.1
总计	3346.7	3395.4	-48.7	-1.4

（数据来源：中国茶叶流通协会）

3. 内销均价总体稳定

受绿茶均价调整影响，2023年全国茶叶内销均价出现回调。2023年，绿茶内销均价153.4元/千克，同比降低4.7%；红茶148.1元/千克，微增0.1%；黑茶94.9元/千克，同比增长7.6%；乌龙茶121.3元/千克，同比增长5.8%；白茶130.2元/千克，同比增长5.3%；黄茶157.5元/千克，同比增长24.5%（见表4-9）。

表 4-9　2023 年中国六大茶类内销均价统计

茶类	2023 年（元/千克）	2022 年（元/千克）	增长量（元）	增长率（%）
绿茶	153.4	161.0	-7.6	-4.7
红茶	148.1	148.0	0.1	0.1
黑茶	94.9	88.2	6.7	7.6
乌龙茶	121.3	114.6	6.7	5.8
白茶	130.2	123.7	6.5	5.3
黄茶	157.5	126.5	31.0	24.5

（数据来源：中国茶叶流通协会）

4. 进口茶叶量额微调

2023 年，中国进口茶叶 39016.07 吨，同比减少 5.48%；进口额 14642.67 万美元，同比减少 0.27%；均价 3.75 美元/千克，同比增长 6.09%（见表 4-10）。

表 4-10　2023 年中国茶叶进口量、进口额、进口均价统计

茶类	进口量（吨）	增幅（%）	进口额（万美元）	增幅（%）	进口均价（美元/千克）	增幅（%）
红茶	32220.07	7.03	11216.38	4.56	3.48	-2.30
绿茶	4870.53	-41.96	951.81	-28.56	1.95	23.10
乌龙茶	1647.53	-36.29	2325.77	1.24	14.12	58.90
其他花茶	247.38	—	69.25	—	2.80	—
茉莉花茶	21.15	-64.16	55.07	64.38	26.04	-0.60
普洱茶	6.42	-95.35	17.37	-79.31	27.04	344.80
黑茶	2.00	36.84	3.93	-47.00	19.65	-61.30
白茶	0.98	—	3.09	—	31.47	—
合计	39016.07	-5.48	14642.67	0.27	3.75	6.09

（数据来源：中国海关）

（1）分茶类统计。2023 年，中国进口红茶和黑茶的数量均有增加；进口红茶、乌龙茶的金额微增；进口绿茶、乌龙茶、普洱茶的均价有所上涨。在海关统计列表中，其他花茶和白茶因是首次进入，暂无比较值。

（2）按来源地统计。斯里兰卡以 1.21 万吨继续稳居榜首，其余依次为印度、布隆

迪、缅甸、马拉维、印度尼西亚、越南、肯尼亚、乌干达、卢旺达（见表4-11）。

表4-11　2023年茶叶进口国家（地区）统计

	茶叶进口量排名		茶叶进口额排名	
	国家或地区	总量（千克）	国家或地区	总额（美元）
1	斯里兰卡	12119523	斯里兰卡	59134323
2	印度	6159376	中国台湾	21420506
3	布隆迪	3277549	印度	16330063
4	缅甸	3110293	布隆迪	8525711
5	马拉维	2410025	越南	5157868
6	印度尼西亚	2407158	肯尼亚	4347039
7	越南	2297552	泰国	4275393
8	肯尼亚	1790566	马拉维	3840178
9	乌干达	1134918	印度尼西亚	3620658
10	卢旺达	1012821	卢旺达	2768838

（数据来源：中国海关）

5. 消费市场运行情况

（1）消费需求低于预期，骨干茶企创新有为。2023年，受整体消费环境与名优春茶产销形势影响，原叶茶内销情况不尽如人意，市场进入阶段性存量竞争期，大多数茶企承受了较大压力。面对新形势、新需求，行业骨干企业主动拥抱变化，在产品宣传、消费场景等领域向"Z世代"购买者靠拢，为行业发展带来了新思维、新方向。"颜值、混搭、解压、便捷、社交"成为各茶企研发新品的聚焦点；品牌茶企通过提升门店服务，为消费者提供更好的体验感；国潮、非遗、跨界联名等成为消费新热点。

（2）线下通路逐步恢复，电商板块增量趋缓。2023年，线下传统销售渠道逐渐修复。其中，品牌专卖店的销售业绩回升最快，相较于2019年，店均比增20%~40%；城市中的茶叶专业市场、商超卖场及茶馆的业绩回升相对较缓，仅恢复至2019年的60%~70%。与此同时，受直播电商板块震荡调整的影响，线上茶叶销量增速放缓。据中茶协估算，2023年中国茶叶线上交易总额已突破350亿元，但增长率回调至6%。

（3）现制茶饮提档升级，新式茶馆悄然崛起。2023年，新茶饮行业表现出以下四大特征。

一是产品原料回归茶。由于消费者越来越关注使用真茶、真奶、真果等的高品质茶饮产品，因此茶再次成为新茶饮的主角之一，更多的传统名优茶被应用到新茶饮创新产品中。

二是多品牌布局海外。2023年是新茶饮出海的爆发年。蜜雪冰城、喜茶、霸王茶姬等新茶饮赛道的头部品牌集体出海。

三是资本进一步降温。随着品类红利渐失和品牌梯队的日渐稳定，新茶饮赛道的投融资事件逐渐减少。在国内融资遇冷的大形势下，在境外申请IPO已成为行业趋势。

四是新中式茶馆崛起。扎堆喝茶结合疗愈养生等内容，让新中式茶馆成为年轻人的新型社交方式。2023年，新中式茶馆赛道上不仅聚集了隐溪茶馆、煮叶、开吉茶馆等品牌，还吸引了茶颜悦色、奈雪的茶、喜茶相继开出新中式茶馆。

（三）我国茶叶外销市场分析

据中国海关统计，2023年，中国茶叶出口总量约36.75万吨，同比减少2.06%；出口额约17.39亿美元，同比减少16.49%；均价约4.73美元/千克，同比减少14.74%（见表4-12）。

表4-12　2023年中国茶叶出口量、出口额、出口均价统计

茶类	出口量（吨）	增幅（%）	出口额（万美元）	增幅（%）	出口均价（美元/千克）	增幅（%）
绿茶	309389.54	-1.44	118048.70	-15.32	3.82	-14.09
红茶	29044.19	-12.62	26705.07	-21.63	9.19	-10.31
乌龙茶	19925.58	2.99	20677.25	-19.98	10.38	-22.31
茉莉花茶	6210.55	-4.56	5049.67	-10.32	8.13	-6.04
普洱茶	1719.01	-10.29	1325.43	-56.47	7.71	-51.48
白茶	580.74	—	1465.92		25.24	
黑茶	427.29	21.81	252.89	-7.71	5.92	-24.23
其他花茶	245.20	—	395.18		16.12	—
合计	367542.10	-2.06	173920.11	-16.49	4.73	-14.74

（数据来源：中国海关）

1. 出口茶类统计

在出口量方面，绿茶仍是中国茶叶出口的绝对优势品类，占比84.18%；茶类中，乌龙茶和黑茶有所增长，其余均有不同幅度下降，红茶降幅最大，达12.62%。在出口额方面，所有品类均有下降，普洱茶降幅最大，达56.47%。出口均价方面，白茶单价最高，为25.24美元/千克；传统茶类的均价全部下调，普洱茶降幅最大，达51.48%。

2. 出口省份统计

2023年，全国共有6个省份的茶叶出口总量超过万吨，分别是浙江省15.03万吨，

同比减少2.3%，占比40.9%；安徽省6.73万吨，同比增长8.4%，占比18.3%；湖南省4.22万吨，同比减少11.5%，占比11.5%；福建省2.89万吨，同比减少9.3%，占比7.9%；湖北省2.42万吨，同比减少1.4%，占比6.6%；江西省1.31万吨，同比减少6.6%，占比3.6%（见表4-13）。

表4-13　2023年茶叶出口量逾万吨省份统计（千克）

省份	绿茶	红茶	乌龙茶	茉莉花茶	普洱茶	白茶	黑茶	其他花茶	出口总量
浙江省	144319528	3604296	1071551	1138694	119433	3490	0	32868	150289860
安徽省	65235681	1375062	522413	72474	16578	11752	15	32067	67266042
湖南省	34818859	4403623	1751493	653933	403979	63825	58400	2877	42156989
福建省	11693363	1167474	13508185	2011297	126953	354894	0	26550	28888716
湖北省	21823964	1344504	713059	182279	59684	63995	0	2638	24190123
江西省	10012050	2262754	169737	653337	0	39432	0	0	13137310

（数据来源：中国海关）

全国共有5个省份出口额超亿美元。其中，浙江省4.64亿美元，同比减少3.95%，占比26.7%；福建省3.06亿美元，同比减少42.49%，占比17.6%；安徽省2.50亿美元，同比增长2.08%，占比14.4%；湖北省1.95亿美元，同比减少2.12%，占比11.2%；湖南省1.16亿美元，同比减少16.99%，占比6.7%（见表4-14）。

表4-14　2023年茶叶出口额逾亿美元省份统计（美元）

省份	绿茶	红茶	乌龙茶	茉莉花茶	普洱茶	白茶	黑茶	其他花茶	出口总额
浙江省	434540138	16230094	3443607	9535126	373268	22206	0	323364	464467803
福建省	103068877	28052522	142714240	17545709	1376110	12651136	0	240071	305648665
安徽省	241462938	5487593	1327627	1252126	240421	186716	559	135770	250093750
湖北省	138211717	45094880	8121327	2561665	1003398	384408	0	29791	195407186
湖南省	90316133	15507157	4702663	3590217	1630138	524518	140301	34656	116445783

（数据来源：中国海关）

而在均价排名前十位的省份中，贵州、福建两省居前两位；其余省份的茶叶出口均价均低于10美元/千克（见图4-1）。

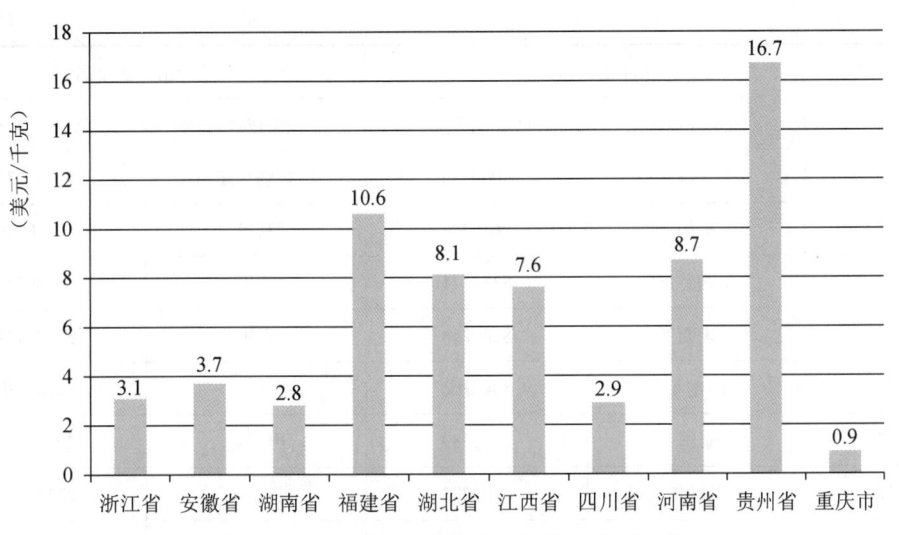

图4-1 2023年出口量前十省份茶叶出口均价

（数据来源：中国海关）

省份均价（美元/千克）：浙江省 3.1，安徽省 3.7，湖南省 2.8，福建省 10.6，湖北省 8.1，江西省 7.6，四川省 2.9，河南省 8.7，贵州省 16.7，重庆市 0.9

3. 目的国别统计

2023年，中国茶叶共销往130个国家和地区。出口量超万吨的目的地共计10个，摩洛哥继续排名第一位。出口额超亿美元的目的地共计4个，中国香港居首位，如表4-15所示。

表4-15　2023年我国茶叶出口目的地前20名统计

序号	茶叶出口量排名		茶叶出口额排名	
	国家或地区	总量（千克）	国家或地区	总额（美元）
1	摩洛哥	59831511	中国香港	220235331
2	加纳	35289670	马来西亚	208793390
3	乌兹别克斯坦	27228453	摩洛哥	190075842
4	阿尔及利亚	20265540	加纳	141710820
5	塞内加尔	16677813	阿尔及利亚	70858046
6	毛里塔尼亚	15825529	塞内加尔	69139040
7	俄罗斯	14759323	毛里塔尼亚	67161799
8	马里	11956421	越南	64561272
9	日本	10317711	美国	56125566
10	喀麦隆	10173366	俄罗斯	54195576
11	贝宁	9821960	日本	52545803

续表

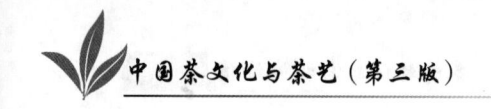

序号	茶叶出口量排名		茶叶出口额排名	
	国家或地区	总量（千克）	国家或地区	总额（美元）
12	德国	9000736	乌兹别克斯坦	52101337
13	美国	8619472	马里	50320939
14	中国香港	8334141	德国	35769773
15	马来西亚	8208268	泰国	33773437
16	冈比亚	8048163	贝宁	31182580
17	泰国	7282389	冈比亚	29529465
18	尼日尔	6767787	利比亚	27248877
19	利比亚	6158819	多哥	22575970
20	波兰	5657037	法国	20212190

（数据来源：中国海关）

4. 市场情况

2023年，全球茶叶产销格局基本稳定，但囿于世界经济以及全球茶叶总体产大于销的局面，国际茶市景气度仍未好转。中国茶叶出口量在连续两年创历史新高后，出现适度缩量回调；但出口均价连续两年下降10%以上，并导致出口总额连续下降10%左右。综合来看，出口形势欠佳的主要原因：一是国际市场需求疲软；二是贸易成本增加，风险加大，利润空间进一步收窄。

（四）我国茶叶发展建议

（1）发挥政策引导作用，持续推进供给侧改革。产区政府要严控新增茶园，促进茶园提质增效，提升稳定生产能力；推动茶机具大规模"以旧换新"；出台茶旅发展专项支持政策，鼓励发展全产业链社会化服务，规范茶叶营销活动，鼓励茶企加大科技创新转化力度。要因地制宜，探索茶产业发展模式，做好顶层设计，坚持久久为功；研究制定地方法规、条例等措施，引导茶产业绿色发展；要促进茶产业规范经营；挖掘新质生产力，探索未来发展路径。

（2）多措并举促进消费，持续复兴国内市场。政府部门应出台实质性政策，推动商旅文体融合消费新场景的打造；支持茶知识、茶文化的普及传播，规范茶文化传播中心的线上线下建设，支持举办具有影响力的商业活动及国际茶事活动；支持与茶相关的服务业态发展；鼓励茶业电商有序发展；扶持茶企拓展数字经济新渠道、新模式、新业态；支持创新运作模式，拓展数字服务及延伸服务。

（3）文化引领精准扶持，持续推进海外拓展。政府应给予新的配套政策和措施，支持中国茶扩大茶文化、茶生活方式的宣传推广和品牌打造；发挥税收导向与积聚能力，加速培育国际品牌；加强与国际组织的沟通协调与互利合作，顺畅国际贸易关系；鼓励品牌茶企及新茶饮企业在海外开设特色体验店和连锁店；支持企业探索和建设境外茶叶交易中心；发挥行业组织的特殊地位和作用，精准对接国际市场；打造中国茶品牌的统一形象，提高诚信度、知名度、美誉度。

（4）坚定信心转变观念，强基固本顺势而上。中国茶产业当前已进入由大变强、爬坡过坎的关键期。广大企业应坚定发展信心，坚持发展定力，保持清醒头脑，发挥自身所长，适应时代变化。应把握变化带来的发展机遇，更多着眼于消费增量，发力在消费需求和场景。应在增强自身的专业能力、经营能力及整合各方资源的能力同时，更加重视和加强与合作伙伴的相互赋能。

二、茶叶与投资

（一）茶票：从"茶引"到投资凭证

茶票即"茶引"票据，"茶引"初始是茶叶的贩运凭证，可以理解为"卖茶许可证"。在宋代，"茶引"从贩运凭证转变为专卖税，"茶引"是茶商缴纳茶税后获得的凭证，相当于现代的购货凭证和纳税凭证，同时也具有专卖凭证的意思。此时，"茶引"可以进行转让、馈赠、买卖，甚至可以代替货币。清代后期用于代替茶引的票据，也称"茶票"。中华人民共和国成立以后，随着国家金融体系的建设与完善，茶叶交易中的"提货凭证"逐渐退出市场。

茶是人们生活中的一个调味剂，正所谓"茶余饭后"，也表明了茶在人们生活中的不可或缺性。由于茶叶市场的良好发展势头，越来越多的投资者将目光倾注在茶叶上。除传统工艺的茶叶之外，由茶叶提取物，如茶色素、茶多酚等制作而成的护肤品、化妆品、保健品等，也是茶叶投资的延伸市场。

（二）茶叶投资中需要注意的问题

1. 选好品类最重要

具有收藏价值的茶叶是越陈越香的，但六大茶类中的绿茶、黄茶不能过分保存（属不发酵茶或轻发酵茶），还是新茶好喝。红茶、黑茶、青茶是发酵茶，新茶出来后需要陈一段时间（用来发酵），保质期较长（但也不是越陈越好，同时还要注意保存环境）。一般情况下，黑茶中的普洱茶收藏得比较多，如果是老茶树的，收藏后味道会很不错，但是一定要注意保存环境，温度和湿度都要控制，一不注意就会发霉，这样就适得其反了。市面上具有收藏价值的茶大多是黑茶、岩茶，这类茶叶可长久保存，而且保存后口感更好。

年份久的普洱茶感观品质较高，茶品好的普洱茶价格会随着储存期每年上涨10%左右。真正的普洱老茶，不但要有较长的保存时间，而且需要关注保存的条件以及原始茶料。其中以纯粹的古树茶为最佳，茶料越好，收藏价值越高，升值空间就越大。普洱茶容易保存，存放普洱茶应该注意的是：不要密封，要让它透气，因为普洱茶是活的有机体，成形后在不断地发酵，所以越老越香。"可饮、可藏"是普洱茶的双重特点，"价比黄金贵"，是时间换来的效益，是一种隐形资产，也是一种保险的投资。陈年铁观音一般每隔一两年就需要拿出来烘焙一次，并在适宜的条件下密封保存。

绿茶有很多种，知名度较高的是西湖龙井、碧螺春，其他绿茶并不广为人知，因此绿茶要塑造大品牌并不容易。乌龙茶主要集中在广东、福建一带，近年来受到越来越多的消费者青睐。目前，乌龙茶尚未形成全国性的领导品牌，因而是不错的投资选择。白茶多产于福建福鼎，以前主要是外销茶。白茶的制茶工艺沿袭古法，要求严格，但是产量比较少，适合长期存放的更少。目前市场上老白茶的主要品种有银针、白牡丹、寿眉等。老白茶的收藏价值与红酒类似，年份、等级越高，价值越高，在民间素有"一年茶，三年药，七年宝"的说法。白茶要在温度、湿度适中，通风透气且无异味的环境下自然发酵，只有这样才能保证其良好的感观品质，提升收藏价值。

2. 选好品牌

随着茶叶投资市场的不断发展，茶叶的品牌与营销也越来越受重视，故而应选择品牌构建能力较强的茶叶种类。首先，选"大"不如投"小"。虽然大型茶叶企业的品牌知名度较高，但是许多已经处于市场需求饱和状态。因此，投资中小型茶企，后续发展空间大。其次，加盟茶企时一定要预先做好实地考察工作，尤其要注意加盟茶叶店的各种细节，包括门店设计、产品包装、茶汤口感、店内服务等情况。最后，充分考虑茶叶的品牌定位和消费人群，注重茶叶品牌的文化属性。茶行业具有一定的特殊性，中国人对茶叶有着难以言说的情感，茶可雅可俗，"雅"可以是琴棋书画诗酒茶，"俗"可以是柴米油盐酱醋茶。传统茶文化源远流长，因此，文化内涵也是选择茶叶品牌的重要因素之一。

3. 选好商业模式

虽然茶叶在中国历史悠久，但目前的茶叶企业在营销模式构建和经营管理方面仍处于初级阶段。现阶段较为成功的茶叶销售模式首推连锁零售，可借助茶企的品牌增加销售额，同时也能帮助打造宣传品牌；其次是网络营销，近年来，随着互联网的普及，越来越多的爱茶人士喜欢在网上买茶，一时间出现了许多茶叶电商；最后是超市卖场销售，由于茶叶已经转向快速消费品，故而超市卖场是比较便捷且销售效果较好的模式。

【复习与思考】

1. 影响茶叶变化的因素有哪些？
2. 茶叶储存方法有哪些？

第五章

泡茶三要素

本章导读

要想喝上一杯好茶，并不是一件简单的事。茶共有六大基本茶类和再加工茶类，六大基本茶类中仅绿茶就达千余种。不同茶类、不同茶叶品种，冲泡的方法也不一样，就算同类茶种，茶叶的等级（原料）不一样，冲泡的方法也不一样。千人泡茶千人味，可见茶的冲泡是一门学问。那么，如何才能泡出一杯好茶呢？除了茶叶本身的品质、水的品质、泡茶的器皿等影响因素之外，科学的冲泡方法是关键，根据试验和实践，结合感观审评，还是有规律可循的，这里总结的泡茶"三要素"，分别为：投茶量、泡茶水温、浸泡时间。

茶叶的用量有"细茶粗吃、粗茶细吃"的说法，也就是说，招待不同性别、不同年龄的客人要选择不一样的茶类和茶量，如来访者嗜好喝浓茶，不妨适当加大茶量，并拼以少量茶末，可做到茶汤味浓、经久耐泡。水温直接影响到茶汤的质量，水温控制不好，再好的茶也出不了茶味。水以刚刚煮沸起泡最佳，煮得过久，水中的二氧化碳就会消失，这样的水会使茶叶的鲜味丧失，茶味也就不鲜美了。水温与冲泡时间紧密相关，水温高时，冲泡时间可以相对短一点；水温低时，冲泡时间则需适当延长。本章介绍了六大茶类的投茶量、泡茶水温以及浸泡时间。

【学习目标】

了解六大茶类的投茶量、泡茶水温、浸泡时间，掌握泡一杯好茶的基本要领。

第一节 投茶量

投茶量并没有统一的标准，一般情况下，根据茶叶的类别、茶具的大小、饮用者的习惯来确定用量。茶多水少，味则浓；水多茶少，味则淡。如家中只有低级粗茶或茶末，那最好用茶壶泡茶，只闻茶香，只品茶味，不见茶形。

泡茶时到底放多少茶，相应的茶水用量又是多少？

对于泡茶的用水量，可以做一个试验：选用普通的狗牯脑绿茶，取4只相同的直升玻璃杯，用克秤称好4份等量茶叶3克，用下投法分别沏上80~90℃开水50毫升、100毫升、150毫升、200毫升，经过冲泡30秒后，品尝其味，如表5-1所示。

表5-1 茶汤与水量变化情况

冲茶量（毫升）	50	100	150	200
茶汤滋味	极浓	较浓	甘醇	偏淡

3克绿茶投入150毫升的水，冲泡的效果更佳（见图5-1）。通过长期教学及个人多年口感经验，笔者得出绿茶最佳冲泡的茶水比例为1克茶叶需要50毫升的水，即为1∶50。

图5-1 绿茶

用同样的试验得出，白茶的茶水比例为1∶30，新白茶适宜冲泡，老白茶煮饮更绵稠。

"一瓯细啜天真味，此意难与他人言。"黄茶与绿茶的茶性较为相似，生产加工工艺也较为相似，只是黄茶比绿茶多了一道"闷黄"的工艺，从而使得黄茶具有"黄汤、黄叶"的品质特点。黄茶经过揉捻，浸出速度快，在投茶量上与绿茶类似，1克黄茶需要50毫升的水，即茶水比为1∶50。

红茶按其品种不同也可分为大叶种红茶和小叶种红茶，例如，祁门红茶、四川红茶属于小叶种，而云南红茶则属于大叶种红茶。大叶种红茶的叶片较大，占的体积也大，因此泡茶时的投茶量要比小叶种多。外国人经常喝的是红碎茶，由于红碎茶的浸出速度很快且不太在意耐泡度，故而投茶量要减少一半。因此，红茶的茶水比例一般为1∶30至1∶50不等。

乌龙茶（青茶）的种类比较多，分类方法也有许多。按照外形划分，可分为条形乌龙和半球形乌龙。泡茶时如果按体积投茶，若是茶形比较紧的半球形乌龙茶，投茶量大致是茶壶容积的三四分满；若是松散的条形乌龙茶，投茶量甚至可达到茶壶容积的七八分满。因为乌龙茶重在闻香，所以茶量比其他茶类要高很多，通常 1 克乌龙茶的冲水量为 20 毫升左右，即茶水比例为 1∶20。

黑茶的用茶量接近于乌龙茶，一般来说，黑茶侧重于尝味，其次是闻香，用水量一般是每克茶冲 25 毫升左右的水。如果一开始难以掌握茶水比例，同样可以选择按体积来投茶。紧压制的黑茶投茶量应占盖碗容量的 1/5 左右。如果有些紧压茶比较紧，密度比较大，可以适当微调，适量减少投茶量。

综上所述，六大茶类冲泡的茶水比例基本如表 5-2 所示。

表 5-2　六大茶类冲泡的茶水比例

茶类	每克茶用水量（毫升）
绿茶	50
白茶	30
黄茶	50
乌龙茶	20
红茶	30~50
黑茶	25

此外，沏茶时的用水量还与茶叶原料的老嫩、外形的松紧、喝茶人的喜好，以及喝茶人的年龄、性别都有着直接或间接的关系。最终泡茶用水量的多少，要因茶制宜、因人制宜。

第二节　泡茶水温

水温直接影响到茶汤的质量，水温控制不好，再好的茶也出不了茶味。首先是烧水，烧水时一定要用大火烧沸，切忌文火慢煮。水以刚刚煮沸起泡最佳，煮得过久，水中的二氧化碳就消失了，这样的水会使茶叶的鲜味丧失，茶味也就不鲜美了。在水质方面，水质好的话，可以在烧开时就泡茶，这样的水最好，煮的时间久了反而会损失微量元素；如果水质不好，就要多煮一会儿，这样可以使杂质沉淀一下，不至于影响茶的香味。

据多次测定，用 3 克绿茶茶叶，采用不同的水温，分别冲入等量 150 毫升的开水，浸泡 3~5 分钟后，茶汤中的水浸出物含量如表 5-3 所示。由此可见，冲泡茶的水温高，水浸出物就多，水温低，水浸出物就少，表明冲泡茶叶的水温对茶汤浸出速度和浸出物多少有着密切关系。

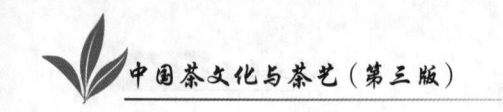

表 5-3 水温与浸出物的比例

水温（℃）	100	60
水浸出物（%）	100	45~65

泡茶水温高低与茶的种类、外形、松紧，以及茶叶的老嫩都有密切关系，茶叶原料细嫩相对茶叶原料粗老的浸泡水温要低，不同茶类对水的要求不一样，同一种茶类不同级别的茶要求泡茶的水温也是不一样的。以下为六大茶类对水温的要求。

绿茶以 80~90℃ 的水冲泡最好，一般不用沸水冲泡。水温过高会破坏茶叶中的维生素 C；茶叶的浸出物快而多，影响茶汤的口感；水温过高，茶叶被烫熟发黄，茶汤失去鲜爽感，茶叶的色、香、味、形全部被破坏。但是水温太低，茶叶容易浮在汤面上，有效成分难以浸出，妨碍香味挥散，无法体现茶叶的色、香、味、形。绿茶原料有老嫩之分，一般来说，茶叶越嫩，用的水温相对就越低。

不同品种茶叶，对冲泡水温的要求不一样。白毫银针，茶芽纤长细嫩，水温不宜过高，90℃左右即可，因为茶芽肥壮丰腴，出汤时间较长，十分耐泡。白牡丹，一芽两叶，茶芽细嫩纤巧，茶叶粗犷豪放，水温不可过低，水温低则茶味难出，水温过高又会伤及茶芽，最好控制在 90~95℃。贡眉或寿眉，皆以叶片为主，其形粗犷，茶汤深红美艳，滋味醇厚浓郁，药用价值较高，可用 100℃沸水来冲泡，5 年以上的老寿眉可以用来煮饮，味道更为绵稠。

黄茶经过沤制，营养成分大部分变成可溶性，水温要求不会很高，需将沸水温度降低到 80℃左右，特别是君山银针，用的是单芽，而且形小，水温过高会影响茶的营养成分。黄大芽等其他原料粗老一点的品种可将水温适当升高，90℃即可。

乌龙茶的原料来自成熟的茶树新梢，故而其水温要求与其他细嫩的名优茶有所不同。乌龙茶要求用沸水立即冲泡，水温应达到 100℃。水温高，则茶汁浸出率高，茶味甘甜、香气浓郁，更能体现出乌龙茶优良的感观品质。

红茶冲泡的水温通常是 90~100℃，这样泡出来的茶汤色泽清澈而不浑，香气醇正而不涩，滋味鲜爽而不熟，叶底明亮而不暗。茶叶品质好的，水温可高一些，沸水也不影响红茶冲泡的口感及耐泡度。

黑茶的制作原料并不细嫩，加之用茶量较大，因此需要用刚沸腾的开水冲泡，为了保持和提高冲泡时的水温，还要在冲泡前用开水（100℃）烫热茶具，并且淋壶加温，否则会影响茶汤的发挥，使茶汤滋味淡薄。有些紧压制的黑茶、古树茶等，冲泡多泡后再用壶来煮饮，更能体现黑茶的韵味。

综上所述，六大茶类的泡茶水温如表 5-4 所示。

表 5-4　六大茶类的泡茶水温

茶类	泡茶水温（℃）
绿茶	80~90
白茶	90~100
黄茶	80~90
乌龙茶	100
红茶	90~100
黑茶	100

泡茶的水温和茶叶品种、年份，以及新茶、老茶等都有关系，比如新茶最好浅泡，出汤快，老茶则要求水温高或是多泡一会儿。

第三节　浸泡时间

水温与冲泡时间紧密相关，水温高时，冲泡时间可以相对短一点；水温低时，冲泡时间则需适当延长。接下来对茶叶浸泡时间的讨论基于水温和其他条件都一致的情况。泡茶时间决定了茶汤的滋味，时间短了，茶汤会淡而无味，香气不足；时间长了，茶味会太浓，汤色过深。这是因为茶叶一经冲泡，茶中可溶解于水的浸出物就会随着时间的延续，不断浸出并溶解于水中。

同样，茶叶的浸泡时间也因茶叶的不同而不同，不仅不同的茶浸泡时间不同，同一种茶在不同的浸泡时间亦会呈现不同的味道。冲泡次数也会造成茶汤明显的差异。

这里利用物理和化学实验对绿茶茶汤品质展开分析。以盖碗泡法冲泡绿茶，取适量茶叶置于盖碗，茶水比例为 1 克茶叶加入 30 毫升水，以 85℃ 左右开水冲泡，采用下投法泡茶，每次冲泡分离茶汤后留叶底进行下一次冲泡，可连续冲泡 4 次，第一次 20 秒，第二次 15 秒，随后每次冲泡时间随冲泡次数增加适当延长 10 秒时间。本次是对影响茶叶茶汤主要品质的因子做的实验，分别对茶多酚、游离氨基酸、咖啡因以及水浸出物总量进行分析，实验结果如表 5-5 所示。

表 5-5　茶汤主要呈味物质含量

冲泡次数	冲泡时间（秒）	茶多酚（mg/100mL）	游离氨基酸（mg/100mL）	咖啡因（mg/100mL）	水浸出物总量（mg/100mL）
第一次	20	78.67	24.34	19.20	148.70
第二次	15	80.72	21.71	23.18	159.43

续表

冲泡次数	冲泡时间（秒）	茶多酚（mg/100mL）	游离氨基酸（mg/100mL）	咖啡因（mg/100mL）	水浸出物总量（mg/100mL）
第三次	25	81.79	18.58	24.58	157.71
第四次	35	80.01	13.74	23.14	145.50

由表5-5可知，茶汤中水浸出物含量以第二泡最高，从第三泡开始缓慢下降。第一泡茶汤氨基酸含量最高，滋味鲜爽怡人；第二泡各生化成分含量都很高，茶汤鲜爽醇厚；第三泡茶汤中游离氨基酸有所降低，但茶汤滋味依然醇厚；第四泡茶汤滋味醇和。

上述实验结果结合实际冲泡的经验可以总结出：绿茶的冲泡，一般会有第一步洗茶，第一泡20秒钟就可以将茶汤倒入公道杯中，但主泡器皿中需要留有1/3的茶汤，为了让每次的茶汤味道不要相差太大，第二泡开始，每次应比前一泡增加10秒左右，再倾茶汤入杯，以此类推，直到五泡左右。

通过笔者的教学经验，对普通饮用的红茶、绿茶、乌龙茶、白茶、黄茶冲泡的浸润时间及续水次数都和上面的实验时间相近。

名优茶由于原料嫩度高，茶汁容易浸出，第一泡的时间相对来说会短一点儿，后面冲泡时间慢慢递增。

发酵程度高的乌龙茶，尤其是岩茶，头两泡茶即冲即出，后面几泡停留几秒出汤，再慢慢地增加冲泡浸润时间，续水次数有的可高达10泡以上。

不同等级年份的黑茶，由于茶叶原料老嫩不一、加工工艺有别，所以冲泡时间和次数都不一样。一般来说，茶叶原料老的比嫩的冲泡浸润时间会稍微长一点儿、次数也会多一点儿，加工后完整的茶叶会比细碎的茶叶续水次数多。

【复习与思考】

1. 黑茶泡茶水温应控制在多少摄氏度？
2. 第二泡的茶汤具有什么特点？

第六章

六大茶类的冲泡方法与品鉴

本章导读

中华文化源远流长、博大精深，作为人们日常生活必需的饮品，茶在漫长的历史中也形成了具有浓郁特色的茶文化。中国传统六大茶类的冲泡方法各不相同。了解六大茶类的冲泡方法，首先要知晓六大茶类的茶性，对影响茶汤的因子也要考虑周全。这样，品饮时才会将茶的优点最大限度地表现出来。本章介绍了六大茶类的茶性与特点、冲泡技巧与品鉴方法。

【学习目标】

了解六大茶类的茶性和特点，掌握各类茶的冲泡要素和技巧，整体上对茶的冲泡过程和品鉴方法有一定的认知，并学会运用红茶制作调饮饮料。

第一节 绿茶的冲泡方法与品鉴

"诗写梅花月，茶煎谷雨春。"泡茶与写诗一样，都是一个艺术创作的过程。每一个冲泡步骤都会对茶汤有所影响，尤其是名优细嫩的绿茶，更是对泡茶"三要素"要求严格。

绿茶是未经发酵制成的茶，保留了鲜叶的天然物质，含有的茶多酚、儿茶素、叶绿素、咖啡因、氨基酸、维生素等营养成分也较多。绿茶中的这些天然营养成分具有防衰老、防癌、抗癌、杀菌、消炎等特殊效果。

根据杀青和最终干燥方式的不同，绿茶分为炒青绿茶、烘青绿茶、晒青绿茶、蒸青绿茶四大类。多数绿茶以春茶最佳，越细嫩等级越高。品饮绿茶讲究鲜爽感，首先品特有的香气，其次品绿茶色与形的美。

绿茶的冲泡方法很多，选择哪种方法冲泡，取决于很多因素，如茶叶的品种、茶叶的鲜嫩程度、茶树种植的海拔等。同时，要掌握好茶量与水量的比例、冲泡水温与冲泡时间。所以，喝到一杯好茶并不那么容易，哪一步没有掌握好，都可能失去该茶叶特有的香气和细腻的口感，而且会有苦涩感。

一、绿茶的冲泡方法

第一步：洗净茶具。茶具可以是盖碗，也可以使用透明玻璃杯，茶叶等级偏高的，全芽或是一芽一叶的茶叶可以选择透明玻璃杯，便于欣赏绿茶的外形和颜色。

第二步：温具。将所有的器皿都用热水温润一遍，保证茶汤不会因杯子的温度而减弱茶香（见图6-1）。

图6-1 温具

第三步：赏茶。在冲泡前，要先观察茶的色泽和形状，感受茶的优美外形和工艺特色。

第四步：投茶。绿茶的茶水比是1∶50。绿茶的投茶有以下几种比较常见的方法。

上投法：先一次性向透明玻璃杯（盖碗）中注入绿茶所需要茶水比的水量，水温控制在80℃左右，这种冲泡方式一般用于细嫩绿茶（如特级龙井、特级碧螺春、特级信阳毛尖等），越是嫩度好的茶叶，对水温的要求就越低。

中投法：在透明玻璃杯（盖碗）中投放相应的干茶，然后注入1/3的热水，待茶叶吸足水分（也可以将冲泡器皿按一定方向绕一圈，使茶叶充分接触水）舒展开来，再注满热水。此方法适用于茶形松展的名优绿茶，如婺源茗茶、竹叶青等。

下投法：先投放茶叶，然后直接向茶杯注入足够的热水，此法适用于细嫩一类的绿茶（见图6-2）。

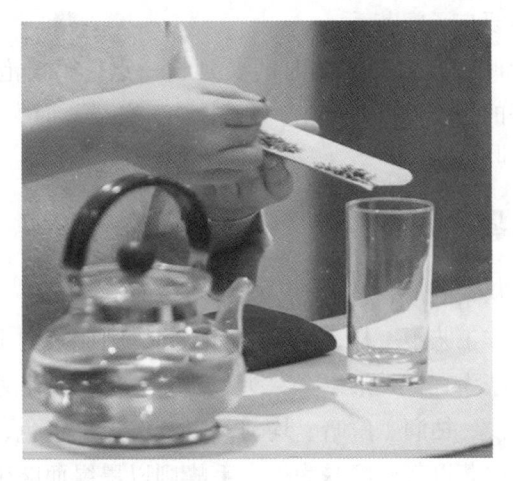

图 6-2　下投法

第五步：泡茶。泡茶时要看茶的等级及品质。特级或等级高的茶，泡茶的水温要低一点，控制在80℃左右，甚至更低；等级偏低一点的茶则水温要高，控制在90℃左右。不同品种的绿茶因茶性不同，对水温要求差别很大，冲泡碧螺春水温75℃就可以了，而黄山毛峰因有鱼叶保护，所以要求用95℃的沸水冲泡，并且需要加盖，所以用盖碗冲泡，而其他绿茶选择透明玻璃杯冲泡，一般不加盖。在日常生活中，切忌用保温杯来冲泡绿茶，这样会容易闷坏茶叶，使其失去鲜爽度和嫩香，茶汤也会变得苦涩。由于绿茶的芽叶细嫩，注水的时候不要直接击打茶叶，应从杯壁慢慢注入，让茶叶的浸出物缓缓浸出（见图6-3）。

图 6-3　冲泡

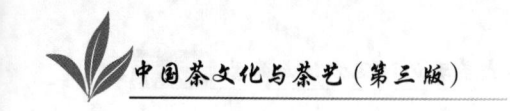

第六步：品茶。将冲泡好的茶倒入公道杯中（透明的玻璃器皿中留1/3的茶汤），再将公道杯中的茶汤均匀地分到品茗杯中。品茶时要慢慢地吞咽，让茶汤在口中与舌头充分接触，这个时候不要忘了闻茶香。

第七步：续水。及时续水，冲泡的时间要延长一点，第二泡茶汤滋味是比较醇厚的。绿茶是不经过发酵的茶，不耐冲泡，一般冲"三泡茶"时，茶汤的滋味就淡薄了，这个时候可以重新换茶叶。

二、绿茶的品鉴

绿茶的品鉴主要是从茶的形、色、香、味来考虑的。

形：不同的绿茶制作工艺不一样，采摘时间不同，则成茶的干茶与湿茶的外形都有所区别，一般绿茶以春茶为宜，外形以全芽头、一芽一叶、一芽两叶为佳。

色：绿茶茶色的深浅、枯润、鲜暗、均匀，以及有无不正色、劣变色等，都随茶类的不同而不同。如安吉白茶以灰白隐绿为上，毛峰则以墨绿而略带褐色为上。总之，色泽深而鲜、润而均匀者为上，暗而枯、浅而不均匀或有其他色泽为劣品。

香：原料细嫩、制作精良的名优绿茶具有清香型（香气清纯，柔和持久，香度虽不高但缓缓散发，令人有轻松感）、嫩香型（香气高洁细腻，新鲜悦鼻，有的似熟板栗、熟玉米的香气），有的绿茶天然有兰花香。

味：由于成分不同，人们对于茶汤味觉的感受不完全相同，感受最强烈的是茶多酚，其次是氨基酸类和咖啡因。鲜嫩爽口、新鲜回甘的绿茶为上。

注：因为绿茶是未经过发酵的，其性寒凉，脾胃虚弱者应少喝。

第二节　白茶的冲泡方法与品鉴

白茶是人类干预最少的茶，属于一款微发酵的茶，喝起来非常鲜美。它未杀青，保留了酶的活性，而且适合经年存放。对白茶的评价有"一年茶，三年药，七年宝"之说，所以冲泡白茶的水温跟年份也有关系。

白茶的茶性与绿茶相似，因此可以用绿茶的冲泡方法来冲泡白茶。因为白茶未经过揉捻，叶细胞没有破损且外部披满茶毫，所以水温可以高一点，或者冲泡时间长一点。老白茶需用沸水冲泡或煮饮。

一、白茶的冲泡方法

第一步：准备茶具。白毫银针类的白茶最好用直升玻璃杯，如果是老白茶类的可用壶或盖碗（见图6-4）。

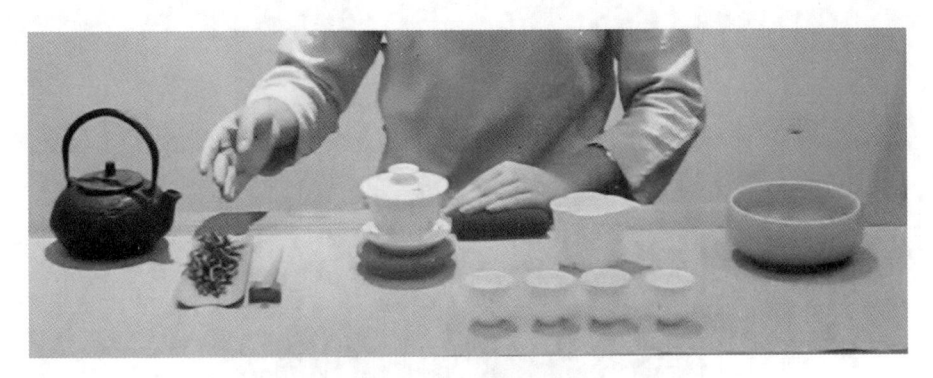

图 6-4　白茶冲泡茶具

第二步：温润器皿。提升器皿的温度。

第三步：赏茶。在冲泡之前，先欣赏一下茶叶的形状和颜色。赏茶时，白毫银针是全芽类的，具有观赏性。

第四步：投茶。投茶量为 3 克干茶，90 毫升水（见图 6-5）。

图 6-5　投茶

第五步：洗茶。温润茶。

第六步：冲泡。因为白茶没有经过揉捻，茶汁浸出物出得比较慢，注水时可以直接击打茶叶，所以选择的水温稍微高一点，控制在 90℃左右。白茶用玻璃杯冲泡不加盖，老白茶则用盖碗冲泡（见图 6-6），或者可以直接用壶煮沸。

第七步：品饮。白茶滋味比较淡，茶香没有那么浓烈，但茶汤鲜甜。

图 6-6　冲泡

二、白茶的品鉴

形：用 90℃的开水冲泡，叶底展开，白毫银针肥壮银亮，白毫满披；白牡丹芽叶相连成朵状，叶色灰绿；寿眉不带芽毫，叶片晶莹透明，叶底完整均匀。

色：白茶鲜叶越嫩、越饱满，白化程度越强，制作的干茶品质就越高。茶汤呈绿白。随着储存年份的增长，茶汤颜色加深，越透亮越珍贵。

香：嫩香是大叶白茶的特点之一，冲泡后的茶汤，嫩香越浓、越持久，品质就越高。

味：茶汤入口，细细品味，滋味鲜爽，甘味生津，唇齿留香，茶汤看起来很淡，但喝起来却很醇厚。

注：白茶属于寒性，胃热者可在空腹时适时饮用，胃寒者则要在饭后饮用，年份比较久的白茶则慢慢趋向温性。过敏体质、脾胃虚寒者不宜饮用。

第三节　黄茶的冲泡方法与品鉴

黄茶是轻微发酵加缺氧闷黄的茶，与绿茶的茶性相似，所以在冲泡品饮时可参照绿茶的方法。君山银针、蒙顶黄芽、霍山黄芽等由单芽加工制成，宜用玻璃杯冲泡，一芽多叶的，茶外观不雅，则用盖碗或壶冲泡，而且水温要求高。

一、黄茶的冲泡方法

第一步：准备茶具。用盖碗或玻璃杯都可以，名优黄茶选择用玻璃杯，可以欣赏茶叶冲泡时的形态变化（见图 6-7）。

图 6-7 黄茶冲泡茶具

第二步：赏茶。观察茶叶的形状和色泽。
第三步：温润器皿。提升器皿的温度。
第四步：投茶。将准备好的茶量 3 克投入杯中，茶水比为 1∶50。
第五步：洗茶（见图 6-8）。名优黄茶可以不用洗茶。

图 6-8 洗茶

第六步：泡茶。单芽黄茶选择泡茶的开水温度为 80~90℃，注水的时候尽量不要击打茶叶；多叶黄茶可以选择温度高一点的开水直接冲泡。

第七步：品饮。慢慢啜饮，才能体味其茶香。

二、黄茶的品鉴

形：外形越是细嫩，芽头肥壮、圆浑、挺直、重实，单芽类的或是黄小茶类的都比较受欢迎，粗老、瘦小、扁平、弯曲、轻飘都不太受茶人喜爱。

色：茶汤杏黄明亮者优。

香：嫩香清锐。

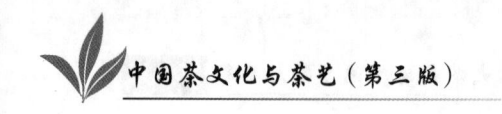

味:滋味醇厚、鲜爽是优质黄茶的特点。

注:黄茶适合消化不良、食欲不振者饮用;黄茶性凉,过敏体质、脾胃虚寒者不适合。

第四节　乌龙茶的冲泡方法与品鉴

乌龙茶也叫青茶,属于半发酵茶,其工艺特征为做青。乌龙茶讲究韵味,介于红茶与绿茶之间,既有绿茶的清幽鲜爽,又有红茶的甘甜香醇。

乌龙茶按生产地域分为4类:台湾乌龙、广东乌龙、闽南乌龙、闽北乌龙。

茶的特殊工艺是由文化地域属性决定的。台湾乌龙中发酵程度低的香气柔和细腻,发酵程度高的花香清扬。广东乌龙香气高锐、变化丰富。闽南乌龙以铁观音为代表,不同铁观音的香气也不同,分别有清香型、浓香持久型、陈香型和炭焙香型。闽北乌龙以武夷岩茶为代表,具有独特的岩韵,杯底香气浓郁持久。

乌龙茶是在当年新梢的顶端发育到八成舒展后,才连同3~4片嫩叶一同采摘加工后制成的。所以,干茶的外形条索粗壮肥厚紧实,茶叶内的营养物质也较丰富,冲泡后香味持久。

一、乌龙茶的冲泡方法

第一步:备器。乌龙茶选择器皿很有讲究,冲泡香气低沉的可以选择宜兴紫砂壶,冲泡香气高长的可以选择盖碗。杯具最好用精巧的若琛杯。

第二步:温器。乌龙茶对器皿和水温要求比较高,在开始冲泡之前要用开水淋壶烫杯,以提高器皿的温度(见图6-9)。

图6-9　温器

第三步：投茶。投茶量按茶水比 1∶20 的比例，投在壶（碗）中。一般的壶（碗）投 8 克茶叶（见图 6-10）。

图 6-10　投茶

第四步：洗茶。将水浸没茶叶即可，快进快出，温润茶叶。
第五步：冲泡。将沸水冲入壶（碗）中，用盖将泡沫刮去，不同的乌龙茶冲泡的时间不一样。定点注水，直接击打乌龙茶，高冲注水，可以使茶叶迅速流动，茶叶的浸出物出得快（见图 6-11）。

图 6-11　乌龙茶冲泡

第六步：斟茶。不同品种的茶叶出汤时间不一样，将泡好的茶汤倒入公道杯中，然后均匀地将茶低斟在各个茶杯中。
第七步：品饮。小口慢饮，慢慢感受茶的"香、清、甘、甜"。

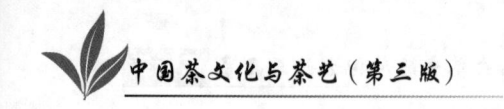

二、乌龙茶的品鉴

品饮乌龙茶时，讲究的是热饮，随泡随喝，才能感受乌龙茶的色、香、味、韵；品饮乌龙茶时要特别注意闻香，第一泡闻火香及茶香的纯度。第二泡闻茶的本香，品完杯中的茶汤再闻杯底的香，别有一番韵味；品乌龙茶时让茶汤在整个口腔流过，冲击舌尖、舌面的味蕾。

形：不同地域的乌龙茶外形都不一样，通常肥壮、紧结卷曲、重实、色泽砂绿鲜润匀净者优。

色：不同地域的乌龙茶茶汤颜色相差比较大，轻度发酵的铁观音和冻顶乌龙汤色金黄，武夷岩茶橙红明亮，广东乌龙橙黄明亮者优，白毫乌龙汤色橙红者优。

香：花香浓郁、果香者优。

味：醇厚回甘。

注：发酵程度低的乌龙茶，脾胃虚寒者不宜多饮，反之则适合。

第五节 红茶的冲泡方法与品鉴

红茶创制时被称为"乌茶"。红茶在加工过程中发生了以茶多酚氧化为中心的化学反应，香气物质比鲜叶明显增加。所以，红茶具有红茶、红汤、红叶和香甜味醇的特征。芽头多的红茶，茶黄素含量高一些，泡出来的茶汤是金黄的。粗老一点的叶子，发酵后茶红素、茶褐素多一些，茶汤偏深红色。

欧洲人发现，红茶的浓度和强度都很高，很适合调饮。所以，除了清饮，调饮的红茶也越来越多了。

一、红茶清饮的冲泡方法

第一步：器皿选择。饮红茶一般选用精美的圆形瓷壶和白瓷杯，这样的组合比较温馨，也便于观察茶汤的颜色，或者选择一般的白瓷盖碗。

第二步：温具。将需要的器皿用开水温润一遍（见图6-12）。

第三步：投茶。按照红茶的茶水比1∶50的比例，投3克红茶，150毫升的水。若是红碎茶，则放少一点量。

第四步：冲泡。冲泡红茶不宜选用硬水，应选用纯净水、泉水等软水。以水中矿物质少、含新鲜空气多者为佳，隔夜的水、二度煮沸的水一律不宜冲泡红茶。冲泡红茶的水温不宜太高，90℃左右为佳，有些高山茶品质好，可用100℃的水，比如正山小种茶。

第五步：品茶。泡好的茶汤分好后（见图6-13），待冷热适口时，慢慢小口饮用，用心品饮。

图 6-12 温具

图 6-13 分茶

二、红茶的品鉴

形：观赏其条索、嫩度、色泽、整碎度。条索紧结，色泽乌润，匀齐、洁净者优。
色：红艳明亮，带"金圈"，冷后出现"冷后浑"者优。
香：清香带甜，带花果香者优。
味：工夫红茶以鲜醇带甜者优，红碎茶以浓强鲜爽者优。

红茶调饮奶茶的方法：（1）按照冲泡纯红茶的方法冲泡一杯红茶。（2）将奶和糖依个人口感按比例混合，如按 50∶1。（3）将冲泡好的热红茶和拼配好的甜奶按 1∶1 的比例混合饮用即可。

注：红茶性温，不适合上火的人或平素火气比较大的人。

第六节 黑茶的冲泡方法与品鉴

黑茶包括安化黑茶、云南普洱茶、广西六堡茶和湖北老青茶等。影响黑茶冲泡质量的因素有很多，如器具和水等。

器具：一般来说，泡普洱茶要用腹大的陶壶或紫砂壶。

水：一般泡黑茶宜用软水，但平时生活饮用水以硬水居多，硬水的pH通常会高一些，所以很多情况下要将硬水软化。茶汤的颜色和滋味香气对pH的高低是比较敏感的，pH越低的茶汤，汤色越浅，鲜爽度和口腔中的收敛感越强，pH大于7有助于茶红素和茶黄素的氧化，令茶汤颜色变深、陈香显现，口腔中的收敛度变弱、汤感变软。所以，用偏碱性的软水冲泡黑茶不仅会令陈香彰显，还会令汤感变得柔软。

一、黑茶的冲泡方法

第一步：选择茶具。目前常用的泡茶器具主要有陶器、玻璃、瓷器三大类（见图6-14）。不同的器物，结构不一样，泡出来的茶滋味也不一样。大部分人冲泡黑茶时喜欢用紫砂壶，因为紫砂壶具有气孔率高的特性，吸水率较高，导热系数较小。

图6-14 冲泡黑茶的茶具

第二步：投茶。在冲泡时，按茶水比1∶25的比例掌握茶量。

第三步：洗茶。开水冲泡后随即倒出来，温润浸泡即可。

第四步：冲泡（见图6-15）。头两泡浸泡时间比较短，后面每次冲泡需要递增时间。黑茶比较耐泡，茶味不易浸泡出来，所以需要用滚烫的沸水来冲泡。

第五步：品饮（见图6-16）。黑茶是一种以味道带动香气的茶，香气藏在味道里，感觉较醇厚。

图 6-15　黑茶冲泡

图 6-16　品饮黑茶

二、黑茶的品鉴

　　冲泡品饮绿茶、黄茶、白茶主要讲究色、香、味、形，而在冲泡黑茶的过程中，除要注意展示茶的"色、香、味、韵"之外，还特别追求新鲜自然和陈香。黑茶的汤色要求红浓、通透、明亮，在一定的时间内，汤色的"红"是鉴别普洱茶陈期的重要指标，根据品质不同，可分为宝石红、玛瑙红、琥珀红等，以宝石红最难得，茶汤泛青、泛黄为陈期不足，汤色褐黑则是变质的表现。在闻香和品尝时，茶汤甘甜、润滑、厚重和陈香是好的品质特征。优质普洱茶的陈香清悠淡雅而多变，主要表现为荷香、兰香、樟香、清香和梅子香。在品饮普洱茶时，还要特别注意茶气和水性的变化，为了感受普洱茶之气，提倡普洱茶宜温喝、静品，在静心饮入温热的普洱茶后，很快感受到一股热气在肠胃中蔓延，接着毛孔因之而舒张，全身微微出汗，这时就能体会到唐代诗人卢仝《七碗茶歌》所描绘的感受了。

【复习与思考】

1. 绿茶的冲泡方法很多，如何选择绿茶的冲泡方式？
2. 乌龙茶根据地域可分为哪几类？代表茶有哪些？
3. 对于茶的品鉴，主要参考哪些因素？

第七章

茶叶的审评方法

本章导读

茶叶的优劣直接决定着茶的价值,所以茶叶的审评至关重要。为做好茶叶的审评工作,需要对茶叶的审评环境、器具、用水、方法进行统一的规定,方能保证公平、公正。

【学习目标】

了解茶叶审评环境、器具、用水等相关知识,熟悉审评的流程。运用茶叶审评环境、器具、用水、流程等相关知识,能够进行茶叶的初步审评。

第一节　茶叶的审评环境

茶叶审评环境的要求主要是指茶叶审评的工作场所的各种要素和需求(见图7-1)。良好的审评环境应该是一个标准一致、符合茶叶冲泡需求的环境,这是公平、公正地对茶叶进行选择和规范审评的基础。

图 7-1　茶叶审评环境

一、温度

茶叶审评场所的温度要求为 20~27℃，这是人体较为舒适的温度。如果温度过高，令人产生闷热感，不但会影响审评者的心态，而且可能使审评者出现手心、鼻尖出汗等现象，影响审评的结果。如果温度太低，审评人员的味觉、嗅觉等器官的敏感度会下降，同时也可能因为温度散失快而影响茶香气的散发及茶汤的颜色，都会导致审评结果不准确。

在审评场所的温度达不到审评要求时，可以借助风扇、空调或暖气等设备进行调节。特别要注意的是，空调的排气口不要直接对着审评台，以免排气口下的茶杯温度发生变化，导致与其他茶杯的温度存在差异，影响审评的公平性。使用风扇也不能对着审评杯吹，也是同理。

二、光照

审评场所的光照要求充分且均匀，不能有明显的明暗区分，同时要避免阳光直射，以免造成颜色的视觉差异，影响审评人员对茶叶的分辨。此外，阳光直射区的茶与其他茶在温度上也会存在差异，因此要求光照均匀，避免直射。

若自然光无法满足审评需求时，可以用人工光源进行补充替代。光源不能选用有颜色的灯泡，以免使茶叶的颜色产生视觉差异。需要强调的是，窗户也不可使用有色玻璃，如果是在使用有色玻璃的场所，应拉上窗帘，完全以人工光源替代。

三、噪声

审评场所内禁止喧哗和人员频繁走动，以免对审评人员的情绪造成影响。审评室要求隔音密封，并将外源声音音量控制在 60 分贝以下，为审评人员提供一个安静清幽的环境。

四、异味

审评场所应提前进行清扫，达到卫生标准。室内禁止使用任何带有气味的空气清新剂或清洁剂，以免干扰审评人员的嗅觉和味觉。不仅室内环境要求干净，审评场所周围也应无异味，否则会影响审评人员的感观，造成审评误差。

第二节 审评器具

一、审评台

审评台分干评台和湿评台两种：干评台靠近窗口，用以放置茶罐、样茶盘，审评茶叶的外形。台面一般为漆黑色，台高 90~100 厘米，台宽 50~60 厘米，长短需视评茶室而定。台下设样茶柜。湿评台用以放置审评杯碗，审评茶叶的内质，包括香气、滋味、汤色、叶底。台面一般为漆白色，台长 140 厘米、宽 36 厘米、高 88 厘米，台面一端应留缺口以利清除茶汤、茶渣。

二、审评盘

审评盘也称样茶盘，用于扦取样茶进行外形审评。有正方形和长方形两种，一般为漆白色，盘的一角开一缺口，便于倒出茶叶。正方形的边长及高分别为 23 厘米、3 厘米，长方形的长、宽、高分别为 25 厘米、16 厘米、3 厘米。审评盘需用无气味的木篾板制成（见图 7-2）。

图 7-2 审评盘

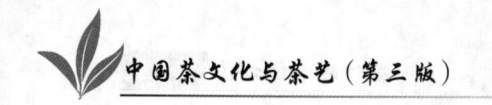

三、审评杯碗

审评杯碗用白色瓷特制。审评杯是用来冲泡茶叶、审评香气的，杯盖上有一孔，在杯柄对面的杯口上有一排锯齿形，易滤出茶汤。审评碗用来审评汤色和滋味，大小与审评杯相适应。一般情况下，审评杯碗容量为150毫升，毛茶审评杯碗容量则为250毫升（见图7-3）。

图7-3 审评杯碗

四、其他用具

茶叶审评还有天平、定时钟、网匙、吐茶筒、开水壶等用具。

第三节 评茶用水

审评时的用水对茶叶至关重要，水的硬度、滚沸程度、酸碱度等对茶叶的浸出物、口感、色泽、香味都有非常大的影响。所以，审评泡茶的水必须有规定，以保证茶叶的品质能够通过冲泡体现出来。

一、水的选择

一般的自来水经过消毒和过滤，通常比较清洁，可以用来进行茶叶审评时的冲泡用水。但随着城市污染的加重，为保证水质，很多水厂用氯化物进行消毒，如果氯化物过量，会带有气味，也有损茶汤的鲜美和颜色。根据有关部门规定，审评用水应符合如下标准。

（1）水质需保证无色（色度不超过15°）、透明、无沉淀。

（2）浑浊度不得超过5毫克/升。

(3) 水中不得含有肉眼可见的水生物及人厌恶的物质。

(4) 异臭和异味：水质在原水或煮沸后饮用时，都须保证无异臭和异味。

(5) 总硬度：不超过25°。因硬水中含有钙、镁等碳酸盐类，会影响茶汤的品质。

二、泡茶的水温

审评用水的水温必须达到100℃，即滚烫起泡为准。但不应沸腾过久或已冷却，因为滚沸过度和过了100℃冷却后的水会影响茶的口感和色泽，不能用来审评冲泡。

三、泡茶的时间

国内外审评红绿茶的泡茶时间统一为5分钟。时间太短，茶叶的汤色未出；时间太长，茶叶容易变色。

四、茶水的比例

审评的用茶量和冲泡的水量多少，对茶汤滋味浓淡有很大影响。用茶量多而水少，叶难泡开，滋味过浓厚；反之，茶少水多，滋味过淡薄。同量茶样，冲泡用水量不同，或用水量相同，用茶量不同，都会引起茶叶香气及汤味的差别，使审评发生偏差。

审评茶叶品质往往是多种茶样同时冲泡进行比较鉴定，用水量必须一致，国际上审评红绿茶，一般采用的用水量是3克茶叶用150毫升水冲泡。如果审评杯容量为250毫升，应称取茶样5克，茶水比例为1∶50。但审评岩茶、铁观音等乌龙茶，因品质要求着重香味，并重视耐泡次数，应用特制钟形茶瓯审评，其容量为110毫升，投入茶样5克，茶水比例为1∶22。

第四节　评茶流程

感观审评分为干茶审评和开汤审评，俗称干看和湿看，以决定茶叶品质的好坏。审评分为外形审评和内质审评两大类。

一、外形审评

（一）把盘

把盘俗称摇样盘，是审评干茶外形的首要操作步骤。审评时首先应查对样茶，判别茶类、花色、名称、产地等，然后扦取有代表性的样茶，审评毛茶需250~500克，精加工茶需200~250克。

审评时将毛茶样倒入茶样匾或评茶盘中，双手持茶样匾或评茶盘的边沿，做前后左右的回旋转动，使盘中茶叶按轻重、大小、长短、粗细、整碎等不同有次序地分层，然后借手势收拢，这一动作称为把盘。把盘能使茶叶分出上、中、下三段，上段茶又叫面张茶，为比较粗长轻飘的茶叶；中段茶又叫腰档，细紧重实；下段茶又叫下身茶，由碎小的茶叶及其末组成。审评时，对照毛茶标准样，先看面张茶，后看腰档，再看下身茶。面张茶多，表明品质差，一般以腰档多为好，如果下身茶过多，要注意是否属于茶末。同时，可闻干茶香并用手测水分含量。看红碎茶虽然不能严格分出上、中、下三档，但样茶盘筛转后要对照样品比较粗细度、匀齐度和净度。同时，可抓一些散茶落在盘中，看碎茶的颗粒重实度和匀净度。

（二）干评

1. 嫩度

嫩度是决定茶叶品质的基本条件，是外形审评的重点。嫩叶可溶性物质含量较多，叶质柔软，初加工容易成条，条索紧结重实，芽毫显露，完整饱满；反之，则不然。

审评茶叶嫩度主要看芽叶比例、叶质老嫩、有无锋苗和毫毛、条索的光糙度。芽与嫩叶的比例大、含量多，则嫩度好。嫩度也要看锋苗，锋苗指用嫩叶所制成的细而有尖锋的条索。条索紧结，芽头完整，锋苗显露，表明嫩度好。同时，嫩度好的茶叶，叶质柔软，果胶质多，条索光滑平伏；反之，纤维素含量高，干茶外形粗糙。

2. 条索

叶片卷转成条称为"条索"。各类茶应具有一定的外形规格，这是区别茶叶商品种类和等级的依据。一般红绿茶的条索审评，主要以松紧、粗细、扁圆、曲直来辨别好坏。条索以紧结、圆浑、紧直、孔隙度小、体积小、身骨重实为好，反之为差。条索的松紧、粗细、扁圆、曲直，不仅决定于原料的老嫩程度，而且与加工工艺的好坏密切相关。原料嫩度高虽是加工成毛茶紧细条索的基础，但必须有相应的加工技术，才能形成各类茶所要求的条索特征。

3. 色泽

干茶色泽主要从色度和光泽度两方面来判断。色度即茶叶的颜色及色的深浅程度；光泽度指茶叶接受光线后，在吸收与反射中形成的茶叶色面，色面的亮暗程度即为光泽度。毛茶的光泽有深浅、枯润、明暗、纯杂之分。不同茶类有不同的色泽要求，如红茶色泽有乌润、褐润和灰枯的区别；绿茶色泽因老嫩程度不同，有嫩绿或翠绿、深绿、青绿、青黄，以及光润和干枯的区别。

审评干茶色度，比较颜色的深浅。光泽度可从润枯、鲜暗、匀杂等方面去评比，并将两者结合起来。如干茶色有光泽、润带油光，表示鲜叶嫩度好，加工及时合理，品质好；反之，如干茶色枯暗、花杂，说明鲜叶老或老嫩不匀、储运不当、初制不当等。

4. 净度

净度指茶的干净与夹杂程度。审评主要看茶叶中茶梗、朴片、茶末以及一些非茶类夹杂物，如屑、杂草、泥沙等的有无与多少。不含或极少含夹杂物的为净度好或较好；反之为净度差或较差。

二、内质审评

(一) 开汤

开汤,俗称泡茶或沏茶,为湿评内质的重要步骤。开汤的方法是将茶盘中茶样充分拌和后称取 3 克(如用 250 毫升审评杯,称 5 克)投入审评杯中。用沸滚适度的开水冲泡,泡水量以齐杯口为度,冲泡第一杯时即应计时,并从低级茶泡起,随泡随加杯盖,盖孔朝向杯柄,5 分钟时按先后次序将茶汤全部倒入审评碗内,杯中残余茶汁应完全滤尽。

(二) 湿评

1. 嗅香气

香气依靠嗅觉而辨别。嗅香气时应一手拿住审评杯,另一只手半揭杯盖,靠近杯沿用鼻轻嗅或深嗅。为了正确判别香气的类型、高低和长短,嗅时应重复一两次。但每次嗅时不宜过长,以免嗅觉疲劳,影响灵敏度。

审评茶叶香气最适合的叶底温度是 55℃ 左右,超过 65℃ 时会感到烫鼻,低于 30℃ 时则茶香低沉。要注意的是审评香气不宜红、绿茶同时进行,并应避免外界因素的干扰,如抽烟、擦香脂、香皂洗手等都会降低鉴别香气的准确性。

2. 看汤色

茶汤靠视觉审评。茶叶中部分内含物溶于水中形成色泽,称为汤色,俗称"水色"。因茶汤中的成分和空气接触后很容易发生变化,所以有的审评把评汤色放在嗅香气之前。看汤色主要评深浅、亮暗、清浊等。不同茶类有不同汤色的要求,红茶以红艳明亮为优,绿茶以嫩绿清澈为上品。

3. 尝滋味

滋味由味觉器官来区别。茶是饮料,滋味的好坏是决定茶叶品质的关键因素。味感有甜、酸、苦、辣、鲜、涩、咸、碱等。味觉感受器是布满于舌上的味蕾,而舌上各部分的味蕾对不同味感的感受能力不同,舌尖对甜味敏感,舌的内侧前部对咸味敏感,舌的两侧后部对酸味敏感,舌心对鲜涩味敏感,近舌根部位对苦味敏感。

审评滋味必须掌握茶汤温度,过热或过冷都会影响滋味评比的正确性。茶汤太热,味蕾受强烈刺激而麻木,辨味力差;茶汤冷后,一则味觉灵敏度差,二则茶汤滋味开始转化,回味转苦或淡,鲜味转弱。尝滋味最好在汤温 50℃ 左右。审评滋味有浓淡、强弱、醇涩、甘苦、爽滞,还有焦、烟、馊、酸及其他异味等。茶类不同,对滋味要求也不同,绿茶滋味以醇和爽口、回味转甘为好;红茶以浓醇和鲜爽者优。

审评前最好不要吃强烈刺激味觉的食物,且不宜吸烟,以保持味觉和嗅觉的灵敏度。尝味后的茶汤一般不宜咽下,尝第二碗时,匙中残留茶液应倒尽或在白开水中漂净,以免互相影响。

4. 评叶底

审评叶底主要靠视觉和触觉来判断。根据叶底的老嫩、匀杂、整碎、色泽等进行综合评定，同时还应注意有无其他掺杂物。

评叶底是将冲泡后的茶叶全部倒在叶底盘中或杯盖上，用手指铺平拨匀，观察叶底的嫩度、色泽、匀度。叶底嫩度首先从嫩叶、芽尖含量多少来衡量，其次看叶质的柔软度和叶表的光滑明亮度。看茶底色泽主要看色泽的调匀度和亮度，红茶叶底以红艳、红亮为好，绿茶叶底以嫩绿、黄绿、明亮者为好。

总之，茶叶品质审评只有通过上述干茶外形和汤色、香气、滋味、叶底5个方面的综合观察，才能正确评定品质优次。茶叶各品质因子表现不是孤立的，而是彼此密切关联的。评茶时要根据不同情况和要求具体掌握，或选择重点，或全面审评。凡进行感官审评，都应严格遵守评茶操作程序和规则，以取得正确的结果。

【复习与思考】

1. 茶叶审评环境有哪些要求？
2. 审评用水有哪些标准？
3. 茶叶内质审评从哪几个方面着手？

第八章

茶馆经营与茶产品销售

本章导读

茶馆是弘扬中华茶文化，为顾客提供品茗、休闲、交流、娱乐、艺术观赏等服务的场所，顺应了当前的消费趋势和潮流，发展迅速。为吸引消费者，增加客源，现代茶艺馆的选址与装修尤其重要，本章介绍了选址要求以及内外部装饰的要素及特点。同时为应对激烈的市场竞争，本章通过分析线上与线下销售的优劣势，提出O2O模式，以解决线上与线下销售割裂的问题，进而实现销售模式的变革。

【学习目标】

了解茶馆经营的要素和内容，掌握茶馆经营中的选址与装修风格特点。了解线上与线下销售渠道的优劣势，熟悉O2O销售模式。对茶馆的经营管理和茶产品销售的框架有大致了解，为进入茶馆实习做准备。

第一节 茶馆经营的要素

一、选址与装修风格

（一）合理的选址

在选择茶馆经营地点的时候，需要慎重考虑。不同的地点，覆盖着不同的人群，而不同的人群有着各不相同的需求喜好。针对不同地区的消费群体，茶馆的类型、风格、档次、服务项目等应该各具特色，这样才能在竞争中具有一定的优势。老城区的消费者有古朴的中国特色和怀旧情怀，追求优雅适意的生活，因此在此地经营茶馆时，营业员要灵活，注重人缘，茶叶质量一定要稳定，信誉要好。新城区的消费者，物质文明和精神文明水平相对较高，对茶馆的环境、配套设施和服务档次等要求较高。除此之外，为保证较充足的客源，茶馆选址还要注意交通便利程度、环境幽静性以及位置的优越与否等要素。

（二）外部装饰要素

1. 外观造型

外部造型在茶馆经营中非常重要，消费者对茶馆第一印象的好坏就来自其外观的视觉效果。茶馆的外部风格可以是古典朴素的，也可以是现代风情的。不过，一定要体现"茶"清心、素雅的特点，让人感觉放松。最重要的一点是要有自身品牌的风格，鲜明的外在形象特色能够吸引消费者的注意力。

2. 招牌

招牌是茶馆的形象，好的招牌往往能引起消费者的注意，使消费者过目不忘，成为茶馆的吸引力。一般来说，传统茶馆大都采用古典风格，长方形匾额，多用黑色大漆作底色，镏金大字作店名，庄重堂皇；或用清漆涂成木质本色，雕刻后，涂成绿色，古朴典雅。现代风格的茶馆一般采用玻璃、塑料等现代装饰材料做成大的内装，通明灯光，外面用醒目大字，构成现代气息的招牌，与周围环境相协调。

3. 对外消费橱窗

橱窗是茶馆的第一展厅，可以展示茶产品，反映出茶馆的经营特色，对消费者的购买欲有直接影响。在设计时，橱窗应尽量大一些，强调立体空间感。里面可以摆一些具有吸引力的茶叶或茶具，也可以将外形好看的茶用透明玻璃杯泡上几杯，将灯与光运用到橱窗陈列中，营造一种气氛，使摆设的茶及茶具和茶水能组成一幅具有较高艺术品位的"主体画"，吸引消费者。

（三）内部装饰要素

茶馆是否给人以优雅、舒适的感觉，和内部装饰的效果密切相关。内部装饰更注重品位和细节的处理，在设计时要契合自身的品牌形象，形成统一有致的风格，要注意以下几点。

1. 货架

货架要与茶馆风格协调，可以用红木或紫檀的多宝格，也可以用现代风格的本色木或玻璃柜，摆放茶品、茶礼盒、茶具以及一些与茶文化相关的文化产品等。消费者即使不买，也会被各式各样的商品所吸引，兼顾出售性和展览性。

2. 室内墙面

室内墙面是茶馆整体设计的载体，比较简约，一般用木质装饰板，漆成原色为好。

同时通过合理地搭配茶字画或茶叶相关知识宣传材料，使墙面不再呆板，增添茶馆活力。

3. 地板

地板材料可以是大理石、水磨石等石材类的，也可以是实木、竹木等木材类的。此外，还可以用地纸、地毯或地垫等作为点缀。为了整体空间的利用效果，地板在大小、图案、颜色的选择上要和茶馆风格统一，达到和谐的效果。

4. 灯光

灯光是可塑性很强的设计元素，它的运用可以起到营造茶馆气氛与意境的作用。顶部灯光一定要明亮，一般用电子日光灯来照明。此外，也可以配上相对柔和的灯光，用来营造不同的气氛，或朦胧惬意、或温馨浪漫，带给人不一样的感受。

二、茶馆的团队建设

茶馆经营过程中首先离不开人的作用，如何有效地管理人员，使人力资源效用最大化，从而保证茶馆良好经营，是必须考虑的问题。

（一）茶馆管理标准化

茶馆经营者首先必须做到言行一致，制定统一标准化的管理制度。管理标准化对员工工作进行衡量具有一定的参考性和公平性。茶馆经营者须严格按照公司制度与流程标准进行经营管理，对违反规定、出现问题的员工，要按照茶馆的制度体系来执行管理权。

1. 人性化管理

人性化管理，就是在整个经营管理过程中充分注重人的感受，可以运用激励制度，如奖励、培训、晋升等，带动茶馆员工更好地经营与服务，赢得员工对茶馆的认同感和忠诚度。

2. 数字化衡量工作

数字化衡量工作是一种公平有效的工作衡量方法，有利于对员工的工作效果做出最直观的判断，也是最重要的考核依据。

3. 优秀领导力的培养

茶馆经营者要爱好茶叶，掌握相关的茶叶知识和茶艺。此外，最重要的是必须具备优秀的领导能力，能够把握茶业的市场方向，再通过组织协调能力以及领导魅力影响和引导团队成员，让员工看到茶馆的未来，对工作充满干劲。

（二）茶馆员工的职业规划

员工是茶馆服务的提供者，其工作能力的高低决定着茶馆的收益。茶馆员工的职业规划能够引领员工为实现目标去工作，不但能够为员工指明发展方向和目标，而且是培养人才、留住人才、激励人才的重要措施。要想留住优秀人才，对员工的职业进行规划

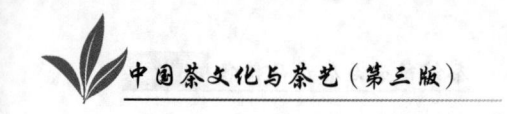

是非常必要的。因为职业规划可以决定员工对茶馆的忠诚度和归属感。茶馆经营者一定要认真贯彻执行职业规划制度，并落实到每一位员工身上。茶馆经营者对员工职业规划引导的方法主要如下。

第一步：经营者一定要制定茶馆的经营方向和管理目标，让员工了解企业未来发展过程中需要具备哪些知识，同时对员工详尽阐述茶馆未来的发展空间及员工管理路线和晋级机制等，让员工意识到职业规划的重要性，努力实现自我价值。

第二步：引导员工重新认识自己，对自己做出正确的评价，了解自己的职业兴趣和能力水平，清楚自己的优势和劣势。

第三步：引导员工选择正确的目标和发展方向。员工可结合自身的具体情况和茶馆发展需要，比较科学地为自己定位，找到适合的职位。

第四步：为员工实现职业规划目标提供必要的发展平台，比如晋升的机会、相应的工作能力的培养以及晋级培训等，对员工的工作表现给予充分肯定，有利于调动员工的能动性。

三、财务管理

（一）经营预算与成本核算

1. 经营预算

在开茶馆前要对店铺房租、装修费用、采购设备和商品费用等一系列投入以及花费情况进行预算，然后根据自身拥有的资本来经营合适档次、规模的店铺。

2. 成本核算

茶馆营业后，就会涉及成本核算的问题。成本是指茶馆在提供产品和服务过程中所耗费的资金，包括固定成本和可变成本。固定成本指茶馆在一段时间内一些基本不随销售量增减而变化的成本，如房租、维修费、员工的工资等。可变成本是随着销量变化而变化的成本，如茶叶、水、电的费用等。

知道了成本核算的方法，对了解日常营业费用的开支能做到胸有成数，有利于掌握经营收支、盈亏状况，并随时调整经营策略，从而使茶馆经营利润最大化。

（二）发票管理

为了使发票在开具、保管方面符合相关政策要求，同时规范门店及时为客户提供合法合规的发票，规避税务风险，需要清楚了解门店发票管理的相关规定。

1. 发票的领用

（1）门店根据销售业务需要，领用发票。

（2）各门店可根据销售业务需要，经店长签字确认，财务相关人员审核确认，在财务部领取电子版普通发票。

（3）领取发票时，店长（员工凭员工证）凭已开完的旧发票和对应导出的电子开票数据文件，领用新发票，且必须在财务部发票领用簿上登记好领用发票起止发票号码并签名。

（4）新开专卖店第一次领用发票，根据需求，零售专员要提前一星期向财务部申请，店长签字、盖发票章、领用。

2. 上缴发票

（1）财务结账时，门店每月月初的第一天（节假日顺延）需把上月所有已开具的发票及电子数据，全部上缴财务部。

（2）关闭店铺或特卖撤场时，店长或负责人必须把所有发票和电子数据上缴财务部。

（3）交回的发票必须符合财务需求。

3. 发票的填开要求

（1）填开发票保证内容真实、票面打印清楚，按公司指定项目开具，按发票号顺延并必须全部联次打印发票，不得跳开发票。

（2）发票不得涂改、挖补、变造、撕毁、缺联次和单联打印，开错的发票、错联开具的发票不得撕毁丢弃，必须全部联次保存留底，并在发票上注明"作废"字样。

（3）发票不得转借、转让、代开、虚开、买卖，开具的发票内容不得超出公司业务的经营范围，不得随意虚开金额，须按实际发生业务金额正确开具。

（4）发票的填开必须在发生业务确认后开具，未发生经营业务一律不准开具发票。

4. 发票开具的细节注意事项

（1）开具发票后，必须收回销售小票附在发票的第三联（记账联）的后面。

（2）开具发票时，如发现特殊情况或错误，必须当天内致电财务相关人员说明情况，并及时解决。

（3）已开具完成的发票，第一联（存根联）与第三联（记账联）分开按顺号存放，作废的发票必须三联装订在一起并与第一联存放在一起。

5. 发票的保管

（1）门店必须设立发票领用登记本，进行发票保管管理。

（2）从公司领用时，要按领用发票号码做好登记，责任人、店长签字确认。

（3）缴回公司时，也要按发票号码做好登记，责任人、店长签字。

（4）发票开具金额超过2000元以上的，必须让客户签字确认，并留下联系方式。

（三）工资管理

工资是对员工的劳动所支付的报酬，也是员工赖以生存的基本保证，建立合理的工资管理制度至关重要。

1. 工资与职责匹配

员工工资的发放必须和岗位职责相联系。工资等级间应有一定的差距，要根据工作职位和业绩增减工资，使员工所获薪资与工作成果相匹配，从而产生激励作用。

2. 工资要有统一标准

为保证公平合理性，不引起员工的不满情绪，在对薪资的调整与核定方面应有一定的标准，让员工能清楚了解工资的组成。

3. 及时调整员工工资

充分发挥薪资的奖惩作用，根据员工的实际工作调整。将工资与绩效考核联系起来，工作表现佳的应给予奖励，不能完成任务的应降低工资，以充分调动员工的工作热情。

第二节　茶产品销售的方法

一、门店销售

（一）销售管理

市场竞争日益激烈，在多重因素影响下，很多店铺专柜的销售大不如前。要从宏观上了解影响门店销售的因素，发现问题，然后有针对性地提出解决办法。市场调查发现，茶馆管理者的管理能力、团队建设、顾客服务、商品管理和陈列等对门店销售有直接影响。

（二）怎样提高门店销售

互联网时代的到来给实体店带来了很大冲击，但网购经济的发展目前还不成熟，存在市场监管力度不严、产品信任度不够等问题。零售业依旧是主导，人们对其的信任度也多于网上商店。因此，茶馆实体店可以采取如下措施，提高门店销量。

1. 做好商品优化管理

（1）在装修和布置方面应具有自身的主题性，将茶赋以传统的精神文化理念，并在实体店里让消费者获得相关体验。

（2）根据消费心理及需求变化，有效利用自身资源加强产品创新，不断推出新的服务类别，提高茶馆的市场竞争力。

（3）进行茶商品的包装、宣传单等设计时，应具有独特性，让人一目了然，并产生强烈的购买欲望。

2. 完善团队建设，做好对门店员工的管理工作

（1）对员工的仪容仪表、言谈举止及精神面貌等进行管理。销售人员处于第一线，直接面对顾客，他们的行为举止能带给消费者直观感受，影响茶馆经营状况及整体形象。

（2）加强对员工销售技能以及专业知识的培训，提高员工服务水平。市场调查发

现，大多数茶馆员工茶叶知识并不全面，应通过培训让员工掌握一定的茶叶知识，了解所销售茶产品的主要特点，能提供给顾客更多的选择，在销售过程中进行适当的推销。

（3）不断激励茶馆员工的工作热情。除了设计激励机制之外，管理者还须掌握各种技巧与方式，适时对员工进行激励，将工作考核与员工切身利益联系起来，转变员工的工作态度，使其提供主动、热情、周到的服务，让消费者感到舒心，提高员工的忠诚度。

二、线上电商销售

（一）互联网给茶产业带来的改变

无处不在的互联网给人们的生活带来诸多变化，如大量的信息、多样的传播方式、便捷的购物方式。茶行业选择电商又有怎样的考虑呢？茶行业一直很讲究体验性，互联网的出现，使茶叶市场的消费群体、传播媒介、消费习惯等都发生了改变。虽然传统的茶叶加盟店在消费者体验、信任感、忠诚度方面依然有很大的优势，但面对互联网对生活方式、生活理念的影响，守旧的茶叶加盟店、茶叶专卖店会被新生事物取代，茶叶市场消费群体也在发生转变。

"互联网+"的理念可以渗透到茶的种植、生产、销售等各个环节，在全产业链上实现跨界融合，使得企业和消费者之间的体验性和互动性有所增强。"互联网+茶业"的营销模式是互联网时代的产物，将促使信息技术与传统产业有机融合，利用大数据来分析消费者的行为，了解消费者的喜好，掌握其消费动态，进而控制茶产品的销售方向。同时，物流的跟进情况也关系到茶产品的销售，现代的物流配送涵盖了储存、包装、加工、配送、装卸等过程。配送是在一定的经济区域中，结合接收方的要求，经过对运输的产品进行选择、加工等程序，按时、按量把物品送达客户手中的一系列活动，与网上销售形成了电子商务的一体化服务模式。

（二）茶叶线上销售的优势及弊端

1. 优势

（1）线上销售成本低。近些年，线下茶业市场"推广+加盟"的模式已趋于饱和，高昂的店租使得大部分的茶叶加盟店无利可图，这为线上渠道品牌的发展提供了机会。

（2）线上茶叶销售具有更高的性价比。互联网的信息化使得销售价格相对透明，这对于茶商或者终端消费者来说都是一个优质的渠道。

（3）线上销售打破地域性消费限制。电子商务拥有众多的网购粉丝，为茶叶电商发展提供了众多的潜在消费者，便于开拓广阔的消费群体。

（4）广告成本低且效果好。在互联网时代，网络传播的速度和范围远远超过了传统广告，相应的广告成本和影响力也远远高于传统广告，这是茶叶电商的优势之一。

（5）茶叶属于传统消费品，虽然目前行业的营销模式正在发生改变，但茶叶本身不具有明显的易损耗、易变质的自然属性,对运输、储存条件要求相对不高,而饮茶的人又具有一定的重复购买率。所以,在宏观市场呈疲软态势下,电商途径是茶企拓展消费市场的不二选择。

2. 劣势

(1) 消费结构错位。线上购茶的人群主要是20~35岁的年轻人,他们对茶叶的需求量不是很高,而目前茶叶的中高端消费群体集中在35岁以上人群,该群体很少有在线上购茶的习惯,他们更喜欢在线下购买茶叶。

(2) 茶叶电商在高端产品营销上目前还不具备条件。从线上市场分布判断,目前茶叶电商的重要优势是价廉,茶叶质量参差不齐,主要以中低端产品为主,难以可持续发展。

(3) 有类无品,没有强势品牌吸引用户。由于线上经营成本低,茶叶销售同质化现象较为明显,难以在短期内形成自身品牌优势,使茶叶电商缺乏知名的品牌吸引用户,难以形成足够的用户黏性。

(4) 用户体验不足,难以实现网络渠道与顾客品饮感受的有机结合。线上销售的方式,使消费者只能通过文字和图片来了解产品,无法现场品饮,难以被切实打动。相比于网络,线下实体店有真实的产品,消费者品尝后,可自主选择购买。

三、移动互联网O2O

(一) 门店O2O

互联网的出现,改变了人们获取信息的途径、方式,微信、微博、各种网站已成为人们日常获取信息的主要渠道。相比线下茶叶加盟店的营销方式和品牌宣传途径,茶叶品牌借助互联网可在短时间获得一定的知名度,相对费用更低、效果更好。不过这种方式同时也衍生出一系列问题和不足,为了茶馆的发展,线上线下相结合的营销方式应运而生,即O2O(Online to Offline)模式。

O2O是指将线下的商务机会与互联网结合,让互联网成为线下交易的平台。O2O这个概念最早来源于美国,是指通过线上的营销、线上的购买、线上的支付等一系列环节和步骤,从而产生订单,消费者转到线下进行消费性体验。O2O模式的突出优势在于将电子商务和传统实体店销售相结合,解决了线上与线下销售渠道分开的问题,实现了虚拟经济与实体经济关系的搭建与融合。

整体来看,O2O模式运行得好,将会达成共赢,对本地商家来说,O2O模式要求消费者网站支付,支付信息会成为商家了解消费者的主要数据来源,方便商家对消费者的购买行为进行分析,进而达成精准营销的目的,更好地维护并拓展客户。同时,通过完善线下服务来促进线上购买,使商家的营利点多元化。此外,O2O模式在一定程度上降低了商家的成本投入,如于对店铺地理位置的依赖性降低而减少了租金、互联网的宣传成本更低;对于消费者而言,因O2O提供了丰富、全面、及时的商家折扣信息和产品信息，能够快速地选择并订购适宜的商品或服务，且价格实惠。

（二）互联网改造

现在线下茶叶零售店发展陷入瓶颈，一些茶叶品牌除了积极开拓线上平台外，也在积极把客户往线下引导。整体来看，近几年各种体验式的茶叶加盟店、茶叶形象店开设起来，成为连接线上网店、解救线下茶叶加盟店困境的有效尝试。一些茶叶品牌纷纷在线下开设各种体验店，这样的体验店担当两重职能：一是类似茶叶加盟店功能，负责茶叶的日常销售；二是最为重要的一点，便是为茶友提供品茗的休闲环境。网购客户可以到线下先体验好然后在网上购买，也可以到体验店自提。

一些茶叶体验店为了给客户更好的服务，会不定期地邀请新老客户参与品茗会，现场赠送茶叶试饮装。或者到春季组织茶友们到茶园旅游，让消费者真实体验"从茶园到茶杯"的过程。相对大多数的品牌茶企来说，茶叶加盟店、茶叶专卖店等实体店数量是其最大的优势，而线下体验店、茶叶加盟店又是网店的有益补充。

移动互联网化，满足"线上购买、线下退换货"，满足"线上购买、线下提货"，满足"优惠券通用"，也满足"二维码扫码下单"，消费者理想中的购物场景逐一得到呈现。传统门店正站在一个转型的十字路口，针对互联网时代衍生的众多消费者，对门店实施互联网化改造，成为茶馆持久发展的必要方式。我们必须接受一个现实，当互联网与人们的生活习惯密切相关时，线下、线上的渠道差异性对消费者来说会逐渐淡化，他们不再会对线上、线下进行刻意区分和专业比较，只要能得到最适合自己的商品，对于在哪里下单、在哪里支付、在哪里体验等就不会在意了。

【复习与思考】

1. 茶馆选址有哪些要求，要考虑哪些要素？
2. 茶馆的内外部装饰要素有哪些？
3. 茶馆经营者如何引导员工进行职业规划？
4. 在薪资管理过程中要建立合理的工资管理制度，需做到哪些方面？
5. 如何提高实体店销售？
6. 如何利用O2O进行营销？

第九章

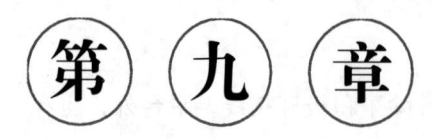

中国茶礼与茶俗

本章导读

中国茶历史悠久，以茶待客一直都是中国人日常的生活礼仪，清茶一杯，表示敬意。茶伴随着中国成长，茶历史中，不仅有着严格的茶礼仪，还有独具特色的茶风俗，不同时代、不同民族、不同地区都有不同的茶文化。作为中华民族智慧与文明结晶的象征，茶俗也是我国重要的非物质文化遗产。本章通过相关知识概念介绍，重点讲解了鞠躬礼、伸掌礼、叩指礼等茶礼，以及茶俗的形成原因和意义。

【学习目标】

了解茶礼，包括鞠躬礼、伸掌礼、叩指礼、寓意礼等礼仪。从总体上认知中国茶俗文化，了解茶俗形成原因及意义。

第一节　中国茶礼

中国是茶的起源地，是世界茶叶生产大国，茶圣陆羽在其所著《茶经》中创建了一组关于茶叶的科学、茶艺和茶道的理念给后人。饮茶在我国是一种生活习惯，也是长期的文化传统。以茶待客是几千年来受欢迎的传统行为，也是大多数人日常生活的礼仪。现代社会，学习好茶礼既是对客人的尊重，又可体现自己的文化品位。

一、茶礼的含义

茶礼主要包括：鞠躬礼、伸掌礼、叩指礼、寓意礼等，这些礼节与茶文化相辅相成。茶文化指的是茶叶在人类应用过程中所产生的文化现象和社会现象，已成为人们日常生活不可或缺的有机组成部分，几千年来对人们的生活，以及社会经济、文化、政治等各方面都产生了深刻影响，在当今社会生活中依然发挥着重要作用。

二、茶事礼仪介绍

（一）鞠躬礼

鞠躬时，双手平放大腿两侧徐徐下滑，上半身平直弯腰，弯腰时吐气，弯腰到位后略作停顿，再慢慢直起上身。

（二）伸掌礼

伸掌礼是茶艺过程中使用最频繁的一个动作，表示"请"。伸手时手斜略向内凹，手心要有含着小气团的感觉，手腕含蓄有力，同时欠身并点头微笑（见图9-1）。

图9-1 伸掌礼

（三）叩指礼

叩指礼是从古时的叩头礼演化而来，叩指代表叩头。叩指礼据说是乾隆微服南巡时，到一家茶楼喝茶，当地知府知道后，想立刻前去护驾，害怕万一出事，担待不起。于是知府也微服一番，以防天威不测。到了茶楼，在皇帝对面末位坐下，皇帝心知肚明，也不揭穿。皇帝是主，免不得提起茶壶给这位知府倒茶，知府诚惶诚恐，但也不好当即跪在地上奉上一句"谢主隆恩"，于是灵机一动，弯起食指、中指和无名指，在桌面上轻叩三下，权代行了三跪九叩的大礼。

以"手"代"首"，二者同音，于是，"叩首"为"叩手"所代。三个指头弯曲即表示"三跪",指头轻叩三下,表示"九叩首"。至今我国港澳地区和其他一些地方仍行此礼,每当主人请茶倒茶之际,客人即以叩指礼表示感谢。

早先叩指礼须屈腕握空拳,叩指关节。但后来逐渐演化为将手弯曲,用食指、中指或者食指单指叩几下,轻叩桌面,以示谢忱(见图9-2)。

图 9-2　叩指礼

茶间三种叩指礼如表9-1所示。

表 9-1　茶间三种叩指礼

按辈分	行礼标准
晚辈向长辈	五指并拢成拳,拳心向下,5个手指同时敲击桌面,相当于五体投地跪拜礼,一般敲三下即可
平辈之间	食指、中指并拢,敲击桌面,相当于双手抱拳作揖,敲三下表示尊重
长辈向晚辈	食指或中指敲击桌面,相当于点下头即可。如特别欣赏晚辈,可敲三下

(四) 寓意礼

自古以来,茶道活动在民间形成了一些带有寓意的礼节,如上文所讲的叩指礼等。此外,茶桌上还有其他一些礼节,如斟茶时只能斟到七分满,谓之曰"酒满敬人,茶满欺人";如冲泡时的"凤凰三点头",即手提水壶高冲低斟反复三次,寓意是向客人三鞠躬以示欢迎。放置茶壶时,壶嘴不能正对客人,否则则表示请客人离开;回转拼水、斟茶、烫壶等动作,右手须逆时针方向回转,左手以顺时针方向回转,表示招手"来!来!来!"的意思,意为欢迎客人来观看。如果相反方向操作,则表示挥手"去!去!去!"的意思。

(五) 泡茶

中国是茶叶的原产地，茶叶产量堪称世界之最。饮茶在中国是一种生活习惯，也是一种文化传统。中国人习惯以茶待客，并形成了相应的饮茶礼仪。比如请客人喝茶要将茶杯放在托盘上端出，并用双手奉上，茶杯应放在客人右手的前方（见图9-3）；在边谈边饮时，应及时给客人添水，客人则需善"品"，小口啜饮，而不是作牛饮。茶艺已经成为中国文化的一个重要组成部分。例如，中国的"工夫茶"便是茶道的一种，有严格的操作程序。

图9-3　请客人品茶

（1）嗅茶。在主客坐定后，主人取出茶叶并介绍其特点、风味，客人则依次传递嗅赏。

（2）温壶。用开水冲入空壶使之温热，然后将水倒入"茶船"——一种紫砂茶盘。

（3）装茶。用茶匙把茶叶装入空壶。忌用手抓茶叶，避免手气或杂味混入。

（4）润茶。沸水冲入壶，待壶满时，用竹筷刮去壶面茶沫后，将茶水倾入"茶船"。

（5）冲泡。至此可正式泡茶。用开水，不宜用沸水。

（6）浇壶。盖上壶盖后，于壶身外浇开水，使壶内、壶外温度一致。

（7）温杯。泡茶间隙，利用原来温壶、润茶的水，浸洗一下小茶盅。

（8）运壶。茶泡好后，提壶在"茶船"边沿巡行数周，以免壶底水滴滴入茶盅串味。

（9）倒茶。小茶盅一字排开后，提起茶壶来回冲注，为"巡河"。忌一杯倒满后再倒第二杯，避免浓淡不均（见图9-4）。

（10）敬茶。双手捧上茶，敬奉给在座客人；如客人有多位时，第一杯茶应奉给德高望重的长者。

（11）品茶。客人捏着小茶盅，观茶色、嗅茶味、闻茶香，腾挪于鼻唇之间，或嗅、或啜。

图 9-4　倒茶

倒水、续水看似比较简单，但也有具体的要求和操作规范，以体现对宾客的尊重。为宾客倒水、续水时，须先敲门，经同意后才能进入客房、会客室或会议室。右手拿稳暖瓶，暖瓶的提手归向把手一边，左手拿好小毛巾。往高杯中倒水、续水时，左手的小指和无名指应夹住高杯盖上的小圆球，大拇指、食指和中指握住杯把，从桌上端下茶杯，腿一前一后，侧身把水倒入杯中。

客人在主人请自己选茶、品茶或主人敬茶时，应在座位上略欠身，并说"谢谢"。人多、环境嘈杂时，也可行叩指礼表示感谢。品茗后，应对主人的茶叶、茶艺等表示赞赏。告辞时，应再次对主人表示感谢。

茶之礼，既随意，也雅致，但更多体现在细节方面。

第二节　中国茶俗

中国是茶的故乡，地域辽阔，民族众多，饮茶历史悠久，在漫长的岁月中形成了丰富多彩的饮茶习俗。通常不同的民族有不同的饮茶习俗，同一民族居住地不同也有不同的饮茶习俗。如四川的"盖碗茶"，江西修水的"菊花茶"、婺源的"农家茶"，浙江杭嘉湖地区和江苏太湖流域的"熏豆茶"，云南白族的"三道茶"、拉祜族的"烤茶"等。茶俗对中国茶文化的构成具有一定的历史价值和文化意义。

送"茶"代表送祝福，因为茶有纯洁、坚定和吉祥的寓意。例如，古人认为茶只能直播，移栽则不能成活，因此茶又称"不迁"，代表着爱情的坚贞不移；茶多籽，代表子孙繁盛、家庭幸福；撒拉族有"订婚茶"；回族提亲称"说茶"，订婚称"吃喜茶"；满族有"下茶礼"等。

表 9-2 简单介绍了部分茶俗文化。

表 9-2 中国茶俗文化的发展形成及意义

茶俗文化	发展形成	意义
茶可以用于祭鬼神，表示节制、清醒和理智	中国民间流传着人死后会被阴间鬼役"灌迷魂汤"的传说。有一种说法是为了让新死的人忘却人间的旧事，或者为把鬼魂导入迷津免被恶鬼欺辱或服役，所以让新死的人喝迷魂汤	茶可以使人清醒、保持理智，所以茶又可用于丧俗葬礼、祭祀鬼神
茶可以明秩序，表示尊老爱幼、和睦勤俭	中国是礼仪之邦，子孙孝敬长辈，兄弟亲如手足，夫妻相敬如宾，"以茶表敬意"正是这种精神的体现。"奉茶明礼敬尊长"，是中国家庭茶礼的主要精神	提倡尊老爱幼、长幼有序、和敬亲睦、勤俭持家，倡导简朴的治家之风
茶可以清身心，象征廉洁、自然和清净	茶以清心。明代朱权指出，茶是契合自然之物，是养生媒介。他认为饮茶主要是为了"探虚玄而参造化，清心神而出尘表"	茶融合世间万物，在饮茶中体悟自然，达到清净悠远的境界
茶象征着励志和谐、平静向上的中庸思想	唐代茶圣陆羽在《茶经》中强调，饮茶者应是俭德之人，把茶看作养廉、雅节、励志的手段。刘贞亮总结茶的"十德"，明确"以茶可养廉""以茶可雅志"，正式把儒家中庸、仁礼思想纳入茶道之中	现代民间饮茶习俗质朴、简洁明确，茶道精神更多地反映了劳动人民对美好生活的向往和追求，而不像上层茶文化那样深沉、优雅

【复习与思考】

1. 什么是伸掌礼？
2. 怎么做叩指礼？
3. 泡茶有哪些流程？

第十章 茶与文学艺术

本章导读

茶作为有千年文化传承的事物，蕴含着许多道理。同一种茶给不同的人喝会有不同的感受，不同的人对茶的理解也有所不同。茶随着时代的发展也产生了一些变化，并生成了独特的茶文化。茶文化是中国传统文化的重要组成部分，涉及文学、美术等多个方面，内容丰富，无疑有益于提高人们的文化修养和艺术欣赏水平。本章重点介绍部分著名茶画以及文学作品中的茶文化，同时达到认识采茶舞的目的。

【学习目标】

了解著名茶画，如《萧翼赚兰亭图》《调琴啜茗图》《文会图》《斗茶图》《惠山茶会图》等，并懂得如何赏析。总体把握著名文学作品里面的茶元素，着重掌握《红楼梦》中的茶元素。从起源、特色、技巧等方面深度认识采茶舞。

第一节 历代著名茶画欣赏

中国有着悠久的茶文化史。在唐宋时期，茶文化经历了一个繁荣发展的历史阶段，饮茶成为文人雅士最钟爱的活动。画家以茶为素材，创作了大量的绘画作品，不仅充分再现了当时丰富的茶文化活动，还为中华民族传统艺术的传承与发展贡献了力量。

一、《萧翼赚兰亭图》

《萧翼赚兰亭图》中有 5 位人物，中间坐着一位和尚（辨才），对面为萧翼，左下有二人在煮茶。画面左下一老仆人蹲在风炉旁，锅中水已煮沸，茶末刚刚放入，老仆人手持茶夹子欲搅动茶汤。一童子弯腰小心翼翼地准备分茶。矮几上，放置着茶碗、茶罐等用具。这幅画描绘出古代僧人以茶待客的场景，再现了唐代烹茶、饮茶的方法和过程（见图10-1）。

图 10-1　唐·阎立本《萧翼赚兰亭图》局部

二、《调琴啜茗图》

周昉，唐代画家，字景玄，又字仲朗，京兆（今陕西西安）人。《调琴啜茗图》又名《弹琴仕女图》。画中 3 位贵妇在两个女仆的服侍下弹琴、品茶、听乐，表现了贵妇们闲散、恬静的享乐生活。图中的桂花树和梧桐树表示秋日已至，贵妇们似乎已预感到花季后的凋零。妇人肩上的披纱滑落下来，显示出她们慵懒之态（见图10-2）。

图 10-2　唐·周昉《调琴啜茗图》

全卷构图松散，与人物的精神状态合拍，画家巧妙地把视点集中在坐于边角的调琴者身上，使全幅构图呈外松内紧之状。卷首与卷尾空白十分局促，疑是被后人裁去少许。人物线条以游丝描为主，渗入一些铁线描，平添了几分刚挺和方硬之迹，设色偏于匀淡，衣着全无纹饰，当有素雅之感。人物造型丰肥体厚、姿态轻柔，手指刻画得十分柔美、生动，但诸女的神情缺乏个性。

三、《文会图》

赵佶，即宋徽宗，宗建中靖国元年（1101年）即位，在朝29年，轻政重文，一生爱茶，常以茶宴请群臣、文人，有时还亲自动手烹茗。著有茶书《大观茶论》，使得宋人上下品茶盛行。《文会图》描绘了文人会集的盛大场面：在豪华庭院中，设一巨榻，榻上有各种菜肴、果品等，九文士围坐其旁，潇洒自如，或评论，或举杯。侍者们有的端捧杯盘，有的忙于温酒、备茶，场面盛大热烈（见图10-3）。

图10-3　北宋·赵佶《文会图》

四、《斗茶图》

赵孟𫖯的《斗茶图》较多参考刘松年的《斗茶图》，图中设4位人物，左右相对，每组中有长髯者皆为斗茶营垒的主战者，身后的年轻人在构图上都远远小于长者，他们是"侍泡"或徒弟，属于配角。

左面一组，年轻者执壶注茶，身子前倾，两小手臂向内，姿态健壮、优美，有活力。年长者左手持杯，右手提炭炉，昂首挺胸，面带自信的微笑。

右边一组，两人目光聚焦于对垒营中，长者左手持空杯，右手将最后一杯茶品尽，并向杯底嗅香。年轻人则将头稍稍昂起，似乎并不畏对方的踌躇满志。

两组人物动静结合，交叉构图，人物神情顾盼相呼，栩栩如生（见图10-4）。

图 10-4　元·赵孟頫《斗茶图》

五、《惠山茶会图》

文徵明，初名壁，"吴门"风格大画家，字徵明，后以字行，江苏长洲（今苏州）人。《惠山茶会图》重现了明代文人聚会品茗的情景，展示了茶会举行前茶人的活动，是可贵的明代茶文化资料。画面描绘了无锡惠山一个充满闲适淡泊氛围的幽静处所：在高大的松树和山石之间有一井亭，山房内竹炉已架好，侍童在烹茶，茶人正端坐待茶。画面共有 7 人，3 仆 4 主，两位主人坐于井亭之中；一人静坐观水，一人展卷阅读。另有两位主人则在山中曲径之上攀谈。明正德十三年（1518 年）清明时节，文徵明偕同好友蔡羽、汤珍、王守、王宠等游览无锡惠山，在惠山山麓的"竹炉山房"品茶赋诗。从这幅画中可领略到明代文人茶会的艺术情趣，了解明代文人追求意境的茶艺风貌（见图 10-5）。

图 10-5　明·文徵明《惠山茶会图》

第二节　著名文学作品里的茶文化

从古到今绝大多数文学名家是茶文化爱好者，如白居易、苏东坡、王安石、曹雪芹、鲁迅、沈从文、老舍、张爱玲、巴金等，他们的文学作品里都有对饮茶场景的细致刻画。无论在中国古代还是现代，都有许多文人墨客撰写关于茶的散文、小说等。

我国六大古典小说与四大奇书，如《三国演义》《水浒传》《西游记》《红楼梦》《聊斋志异》《老残游记》《三言二拍》等，都有与茶相关的描写。其中，《红楼梦》对茶事描写得最为细腻、生动。作者曹雪芹将茶的知识、功用以及个人情绪熔铸到《红楼梦》中，描写茶文化篇幅多、意蕴深远。后人将《红楼梦》形容为："一部《红楼梦》，满纸茶叶香。"《红楼梦》共120回，茶出现的次数达260多次，形成了浓烈的茶文化意境。

一、《红楼梦》中的茶文化

《红楼梦》是中华民族优秀的文化艺术结晶，涵盖了许多不为人知的文化，比如封建社会中森严的等级文化、饮食文化、服饰文化、酒文化和茶文化等。

其一，《红楼梦》中共出现过7款名茶。首先是六安茶，第四十一回中，贾母在妙玉处说："我不吃六安茶。"六安茶为清代贡茶，是我国名优绿茶。其次是老君眉茶，清代有名的贡茶，第四十一回处，是妙玉为贾母特备的一种名茶，因其形似长眉，故称老君眉。再次是杏仁茶，第五十四回，王熙凤专门为贾母准备的。然后是普洱茶与"女儿茶"，第六十三回"寿怡红群芳开夜宴"中，林之孝向袭人索取的便是普洱茶，而晴雯说的"女儿茶"也是普洱茶的一种，是皇室和官宦人家饮用的一种名贵贡茶。最后是龙井茶与枫露茶，皆出自第八回中。其中，宝玉到潇湘馆看黛玉，黛玉叫紫鹃"把我的龙井茶给二爷沏一碗"。龙井，产于杭州西湖龙井村一带，向来以色绿、香郁、味醇、形美四绝闻名于世，自宋代开始充作贡茶，是我国绿茶中的极品。枫露茶则是宝玉最喜欢喝的一种茶，是一种奇怪的茶。一般茶泡3遍，就变得淡薄了，而这种茶才刚出味。但枫露茶无从考证，也许是作者虚构出来以衬托宝玉不凡身份的。还有一种外国茶为暹罗茶，出产于泰国中南部，第二十五回，王熙凤送给宝玉、黛玉、宝钗三人喝的，据说味道有点苦涩。

其二，对水的重视。《红楼梦》中重点有4处描述：一是贾母等一行到妙玉处，妙玉用旧年蠲的雨水煎茶；二是妙玉到惜春处，与之对弈饮茶，用的也是雨水煎茶。再有，是宝玉以雪水煎茶（《冬夜即事》诗云"却喜侍儿知试茗，扫将新雪及时烹"）和妙玉的煎茶（妙玉执壶，只向海内斟了约一杯。宝玉细细吃了，果觉轻浮无比）。黛玉因问："这也是旧年蠲的雨水？"妙玉冷笑道："你这么个人，竟是大俗人，连水也尝不出来。这是五年前我在玄墓蟠香寺住着，收的梅花上的雪，共得了那一鬼脸青花瓮一瓮，总舍不得吃，埋在地下，今年夏天才开了。我只吃过一回，这是第二回了。你怎么尝不出来？隔年蠲的雨水哪有这样轻浮，如何吃得。"古人对煎茶、饮茶的要求由此可见一斑。

其三，对茶具的严苛。贾家作为显赫的官宦人家，对茶具要求十分严苛。小说中提到的"茶碗""盖钟""斝""乔"；端茶用的"茶盘""洋漆茶盘""填漆茶盘"；洗涤茶具用的"茶筅"；漱口用的"茶盂"；放置茶具用的"茶格子"；还有"茶奁"等，诸如此类。

此外，中华民族传统茶俗如以茶祭祀、以茶待客、以茶代酒、以茶赠友、以茶泡饭、以茶论婚等在小说中也多有体现。比如王熙凤说黛玉："你既吃了我们家的茶，怎么还不给我们家做媳妇？"宝玉祭奠死去的晴雯"随便有清茶便供一盅茶"，是把"茶"作为祭品等事件。

《红楼梦》不是如《茶经》般的教科书范本，曹雪芹也不是茶圣陆羽传人，但《红楼梦》生动形象地传播了茶文化，同时，茶文化也丰富了小说的情节，强化了主题思想，是一件相得益彰的妙事。

二、范仲淹《和章岷从事斗茶歌》赏析

范仲淹，北宋著名文学家，其所著茶诗《和章岷从事斗茶歌》在茶文化史上与卢仝的《饮茶歌》具有同等地位。范仲淹在《和章岷从事斗茶歌》中对斗茶做了细致的描述，正文如下。

年年春自东南来，建溪先暖水微开。溪边奇茗冠天下，武夷仙人从古栽。新雷昨夜发何处，家家嬉笑穿云去。露芽错落一番荣，缀玉含珠散嘉树。终朝采掇未盈襜，唯求精粹不敢贪。研膏焙乳有雅制，方中圭兮圆中蟾。北苑将期献天子，林下雄豪先斗美。鼎磨云外首山铜，瓶携江上中泠水。黄金碾畔绿尘飞，碧玉瓯心雪涛起。斗茶味兮轻醍醐，斗茶香兮薄兰芷。其间品第胡能欺，十目视而十手指。胜若登仙不可攀，输同降将无穷耻。吁嗟天产石上英，论功不愧阶前蓂。众人之浊我可清，千日之醉我可醒。屈原试与招魂魄，刘伶却得闻雷霆。卢仝敢不歌，陆羽须作经。森然万象中，焉知无茶星。商山丈人休茹芝，首阳先生休采薇。长安酒价减百万，成都药市无光辉。不如仙山一啜好，泠然便欲乘风飞。君莫羡花间女郎只斗草，赢得珠玑满斗归。

开篇写斗茶的生长环境及采制过程，并点出建茶的悠久历史——"武夷仙人从古栽"。中间部分描写热烈的斗茶场面，斗茶包括斗味和斗香，在大庭广众之下进行，胜利者得意，失败者倍感耻辱。结尾用典衬托茶的神奇功效，把对茶的赞美推向高潮。

三、近现代文学作品中关于茶文化的描写

近代以来许多文学家也十分嗜茶。例如，鲁迅先生《准风月谈》中的《喝茶》："有好茶，会喝好茶，是一种'清福'，不过要享这'清福'首先必须有工夫，其次是练出来的特别的感觉"。《喝茶》中也描述："喝茶当于瓦屋纸窗下，清泉绿茶，用素雅的陶瓷茶具，同二三人共饮，得半日之闲，可抵十年的尘梦。"名家们不避同题大写"喝茶"，如梁实秋的"人无贵贱，谁都有份。上焉者细啜名种，下焉者牛饮茶汤，甚至路边埂畔还有人奉茶"。杨绛的"浓茶搀上牛奶和糖，香洌不减，而解除了茶的苦涩，成为液体的食饮。不知古人茶中加上姜盐，究竟是什么风味，卢仝一气喝上七碗茶，想来是叶少水多，冲淡了的"。

宗璞的《风庐茶事》、吴秋山的《谈茶》、老舍的《戒茶》、冰心的《我家的茶事》，都有对饮茶、茶事生活场景的细致刻画。

总之，文人与茶有着难以割舍的情结。文人与茶就如诗人与酒一样，有着说不尽的情缘。茶与饮茶行为已被注入了丰富的文化内涵，茶中流露出的是"情"，是一种精神意义的象征与反馈。茶在中国存在了几千年，早已把浓郁的茶香飘散到每个角落。

第三节　采茶舞

一、采茶舞的内涵

采茶舞是流传于中国民间的传统歌舞，如浙江杭州的茶乡采茶舞、广西玉林的壮族采茶舞等。各地采茶舞虽然略有差异，但总体上都是与采茶密切相关的，而且内容丰富、动作优美。

二、采茶舞的起源

唐朝时，品茶之风盛行，皇宫内眷之间更盛行品茶斗茶，每逢春季采摘新茶时节，宫廷中便会举行一些庆典、祭祀或茶艺活动，采茶舞便是其中之一。

采茶舞是唐代一种特殊的舞蹈，不同于宫廷流行的"软舞"，而是在"软舞"的风格上融进了胡旋舞色彩的独特舞蹈。采茶舞音乐欢快、服装华丽，主要表现皇家茶园采摘新茶时载歌载舞的喜悦心情。采茶舞于1925年由江西南昌采茶剧团刘信王传入浙江开化严村，之后才有本地民间采茶舞队，每逢农历六月二十二庙会时演出。江西传入的采茶舞，只有摆扇、采茶、献篮三段程式，后来艺人黄发将8套花伞舞融进采茶舞中，丰富了其内容。采茶舞舞姿优美，含有巧、柔、圆的风姿。

（一）江西采茶舞的起源——江西赣南采茶舞

江西赣南地区有着悠久的历史渊源与文化底蕴，采茶戏则是赣南文化艺术领域的重要代表之一。采茶戏体现着赣南客家人民的勤劳与淳朴、善良与智慧，是客家文化的重要组成部分。采茶戏中唱歌与舞蹈比重较大，细腻而生动的舞蹈动作是体现整个采茶戏艺术特征的重要方式。

赣南采茶舞源自当地民间劳作以及客家民俗现实生活。赣南采茶舞的产生与兴起距今已超过300年，流传十分广泛。客家茶农起初在山间劳作时对唱，然后这种歌唱形式得到了广泛传播，再加上采茶农的劳动动作，就形成了边唱边跳的采茶舞蹈。之后，又形成了纯粹舞蹈类型的艺术表演形式，也就是赣南采茶舞。

（二）江西赣南采茶舞的三大特色

采茶舞最具特色的三大表现技巧为矮子步、单袖筒、扇子花，是在赣南茶区生活基础上，经过采茶舞艺术工作者潜心锤炼形成的，具有很强的表现力和突出的地方色彩，这对形成采茶歌舞的风格特色具有决定性作用。采茶舞主要模拟动物的形象，动作来源于劳动生活，形式十分独特。

1. 矮子步

矮子步的基本动作：半屈膝或屈膝蹲身、双腿前蹲、脚跟提起、趾尖落地向前移动，被誉为"东方的芭蕾"。矮子步来源于人们上山屈腿、挑担压肩时的形体。江西的矮子步与湖南的矮子步有所不同。湖南的矮子步是从挑担动作中演变而来的开脚八字步，而江西的矮子步则源于蹲着采摘茶树的动作。特别是男性表演者在台上表演时，始终以矮为中心，腿都是"屈"，以保持半蹲状态，屈、蹲加上抬头、直腰，扇子放在胸前，袖筒上下自由摆动，进退随意，快慢自如。矮子步的基本要求：保持上身平直的状态，一般为上山、下坡的动态。民间艺诀对矮子步的动作形态有极其形象的比喻："老虎头、鲤鱼腰、双手蛾眉月、下身轻飘飘、腰腹稳紧住、膝头定三桩。"丑角是"蛤蟆腿、狗牯尾、三节腰、画眉跳架、贼手侧脚侧背、紧走紧跪、矮步相随"。总之，矮子步要求头有神、腰有风韵、手要柔和、脚步轻盈。

2. 单袖筒

单袖筒是生和丑的专用技巧，它不同于常见的水袖，而是左衣袖加长，耍甩挥舞，与右手耍扇配合身段表演。由摘茶动作演变而来，右手摘茶，左手持毛巾擦汗，时而遮阳，时而作茶篮。单袖筒需要手腕用力，袖长约60厘米，右手舞扇，左手长袖，表现了采茶时的形态特征：以腕为主，臂为辅。单袖筒的艺诀是"摆动像狗尾，一般用在小丑上；站似吊马腿，游走像跑过，龙头又凤尾，胸前绞袖身后甩，动作连贯手臂带，前高后低力平衡，快慢随着节奏来"。耍袖筒的动作极为丰富，有甩、扬、拂、挥、捧、抖、摆、绕、挽、拖、掸、圈、抓、遮、抛、卷、缠、撩、扑、飘、捅等，而且每种动作都有鲜明的含义。这些动作动静结合得恰到好处，动律特点以甩为主，甩的同时不能

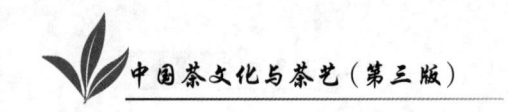

脱离矮子步，甩得越大，袖花就会越漂亮。单袖筒用以抒情和表意，虚实相济，在表演风格上起着极其重要的作用。

3. 扇子花

扇子花是丑、旦必备基础动作之一，也是一种比较有特色的舞蹈动作。采茶舞表演者说："采茶没扇子，等于吃饭没筷子。"由此可见，扇子在采茶歌舞中的重要作用。扇花有"单扇花""双扇花"。单扇男女通用，双扇主要用于女角，以扇带袖，以袖助扇，融合巧妙，有婀娜流畅、动若行云、静似玉仙的特点。扇子花的艺诀是"五指花头朝天，四指花头朝前，三指花打身边，二指花抱胸前"。扇子花的动作来源于生活，根据摘茶时一手摘茶、一手用扇子不停地扇风，免得茶叶藏热的动作而创造。扇子花的动作比较规范，艺诀中要求："扇花变化在于手，力在手腕见千秋，左甩袖筒右摇扇，十指牵着两臂走。"江西民间一首诗写道："采茶动作三百六，飞禽走兽老虎猴。日月风雪花草木，演好采茶不用愁。"另外，扇子花也是体现采茶舞蹈表演艺术风格的重要手段。

综上所述，采茶舞是江西赣南地区的一朵艺术奇葩，凭借独特的审美特征和表演特色展现了鲜明的地域文化和丰富的历史文化底蕴。为了更好地保护这一宝贵的非物质文化遗产，有必要不断挖掘其审美特征和表演要领，使江西采茶舞得以更好地传承和发展，并不断绽放出新的生命力。

【复习与思考】

1. 文徵明的《惠山茶会图》描绘了怎样的场景？
2. 《红楼梦》中茶出现的次数高达多少次？出现过几款名茶？
3. 江西赣南采茶舞的"三大特色"是什么？

第十一章

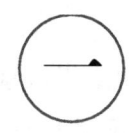

中国茶艺及其表现形式

本章导读

本章阐述了茶艺的概念和分类，对茶艺之形式美、动作美、结构美、环境美和神韵美五个方面的美学体验进行了分析，详细介绍了古代茶艺和现代茶艺，系统梳理了中国各类茶艺表现形式的发展历史、表演特点和制作过程。

【学习目标】

了解茶艺的概念与分类，了解现代茶艺提出的背景和发展状况，了解茶艺的发展历史；体悟茶艺之美；熟悉各类茶艺形成与发展的历史；掌握各类茶艺的特点和行茶的步骤。运用茶艺的基础知识，不断提高茶艺的表演技能，并通过表演彰显茶艺之美。

第一节 茶艺的概况

茶艺是我国的传统艺术之一，也是中华民族传统文化的重要载体。它不但传承了我国不同时代的优秀文化，而且通过吸收与融合古代与现代文化、少数民族文化、宗教文化等，与时俱进，兼容并蓄，表现形式更加丰富多样。因此，中国茶艺表现形式具有科学性、艺术性、文学性、实用性和观赏性的特点。

一、概念

"茶艺"一词于20世纪70年代由我国台湾茶人提出,从而区别于日本的"茶道"。关于茶艺的概念,学术界还没有形成统一的观点,主要集中于对"茶艺"的广义与狭义之说。持广义之说的学者有陈师道、张源、范增平、王玲、丁文、陈香白、林治等,他们认为茶艺是指茶叶生产、制作、销售的技艺,以及泡茶技术、饮茶的生活艺术,将茶学领域与农业、艺术、文学等有机联系起来。而狭义的茶艺是指茶人根据茶道规矩进行艺术化的舞台表演,向广大饮茶人和宾客展示茶的冲、泡、饮等的技艺。持这种观点的学者主要有武艺、蔡荣章、陈文华、余悦等。笔者也认同茶艺的狭义观点,从而将其与茶道相区别,独立发展成一门新艺术、新学科,这更有益于茶艺的社会推广和学科进一步发展。

二、茶艺与茶道、茶俗

(一)茶艺与茶道

茶道是以通过修行来提升茶人精神为宗旨的饮茶艺术,主要包括茶艺、礼法、环境、修行四大要素。茶道是茶艺的技术、品位、文化和精神的最高境界,茶艺是发展茶道的必要前提条件,也可以独立于茶道而发展。茶艺的重点在"艺",茶道的重点在"道",前者强调茶的艺术性和观赏性,后者强调茶艺的修心与精神之道。茶艺的内涵小于茶道,但外延大于茶道,茶道的内涵包容茶艺。

(二)茶艺与茶俗

中国幅员辽阔,少数民族众多,饮茶习俗历史悠久并且丰富多样。茶俗是指不同地区的民族用茶习俗,主要包括待客、饮茶等。如江西婺源的"农家茶"、四川的"盖碗茶"、白族的"三道茶"、拉祜族的"烤茶"等。茶艺强调用茶和品茶的艺术,崇尚品饮的情怀。茶俗突出喝茶和食茶的过程,强调饮茶的生理与物质功效,但大部分的茶俗只能称为表演,而非茶艺。

第二节 中国茶艺的发展

一、饮茶文化的发展与中国茶艺的萌芽

(一)饮茶文化的发展为茶艺早期萌生创造了条件

早期的茶或是用鲜叶、干叶煮成羹汤食用,或是在茶中加入各种香料如茱萸、桂

皮、葱、姜、枣等煮成汤汁做药饮。晋郭璞注《尔雅》对"槚，苦荼"的注释为："树小如栀子，冬生，叶可煮作羹饮。今呼早采者为荼，晚取者为茗，一名荈，蜀人名之苦荼。""羹"是指用肉类或菜蔬等制成的带浓汁的食物，今指煮或蒸成的浓汁或糊状食品，也就是说西晋到中唐陆羽《茶经》成书之前，茶叶主要是当菜煮饮的。作为药用和食用的茶更多地关注其功能，审美倾向未能得到较大发展。原因在于人们对作为药用的茶更多的诉求在于治疗功能，阻碍了人们对茶的审美创造性。同时，和其他香料混煮食用的茶，由于混用而掩盖了其本身的自然美，也妨碍了主体的审美实践。

（二）初具审美特性的饮茶文化——煎茶法

西晋杜育《荈赋》对茶汤的记载最早表现出审美特征，如《荈赋》中对茶艺的要求有择水，"水则岷方之注，挹彼清流"，水要选择岷江中的清水；选器，"器择陶简，出自东隅"，茶具要选择出自江浙一带东隅的陶瓷；酌茶，"酌之以匏"，用匏瓢酌分茶汤。同时对煎茶时茶汤汤花有艺术性描述："沫沉华浮，焕如积雪，晔若春敷"，即煎好的茶汤茶末下沉，汤花显现，像白雪般明亮，如春花般灿烂，表明当时文人饮茶已经超越解渴、提神、解乏等单纯生理上的诉求，开始讲究饮茶技艺并注重对茶汤的审美、器具的讲究，可以说煎茶法是最早具有审美特征的一种饮茶形式。此时，茶饮在休闲文化中的推广普及强化了人们对茶的审美倾向，其原因在于：（1）茶由食用到饮用的转变，饮茶主体对饮茶目的诉求变得相对闲散而休闲化，饮茶过程变得相对虚静，一方面成为待客之道的客来敬茶之礼仪的表达，使饮茶形式变得相对重要；另一方面成为僧人参禅悟道的茶饮与僧人追求虚静的状态，激发了饮茶主体的审美意念。（2）饮茶从餐饮中独立出来，成为待客之道，客观上促进了制茶技艺、专用茶具选择与制作、饮茶环境等审美客观要素的创新发展。（3）茶叶清饮方式的普及促进了人们对茶叶色、香、味、形审美特征的赏识与创新。

二、宋元时期中国茶艺的提升与中落

一般认为，中国茶文化兴于唐、盛于宋，主要表现在 4 个方面。（1）宋元时期，中国饮茶文化在唐代大发展的基础上，茶叶经济空前繁荣，茶叶的生产区域和产量进一步扩大，宋代的茶区分布已与近现代中国茶区分布接近，茶业在税收、商贸领域日益发展。（2）宋代饮茶更加普及，上至皇帝、王公贵族、文人墨客，下到平民百姓，社会各阶层均形成了日常生活饮茶的习惯，茶已成为"家不可一日无也"的日常饮品。（3）宋代团饼茶的加工技术达到了高峰，宋代的制茶工艺比唐代更加烦琐。（4）宋元时期点茶法较唐代流行的煎茶法更加方便，对茶品质的鉴赏和要求出现了精致化发展的趋势。

概言之，唐宋时期的饮茶实质上是一种"吃茶法"，宋代茶饮基本沿袭了唐末茶"饮用"的模式，只不过在茶叶加工和茶汤准备方面有了新的发展，由于宋代帝王将相的爱好与广泛参与，宋代茶文化贵族化倾向显著：一方面体现在团饼茶的精工细作，耗费巨大的人力、财力强调龙凤团茶外形纹饰之美；另一方面体现在茶汤调制方法，从唐代"煎煮"为主到宋元"冲点"为主，使饮茶的价值取向出现斗茶、茶百戏等强调游戏性和注重外在美的艺术特征。也正是龙凤团茶、斗茶、茶百戏等引导宋代茶艺步入了过多强调外在美和饮茶游斗情趣，弱化了茶的饮用价值的歧途。元代上承唐、宋，下启明、清，是中国茶艺最初成形与煎茶法发展的一个过渡时期。元代饮茶形式上基本延续宋代，却因政治、经济原因渐弃宋代点茶的奢华与闲情雅致而重饮用，沸水直接冲泡散茶法有了进一步发展，为最终迎来明朝茶叶散茶化的重大变革打下了基础。

三、茶类多样化发展时期的明清茶艺

明清是中国茶业向近现代发展的时期，与宋代茶文化轻饮重艺，热衷于游戏、娱乐特点不同，明代茶业走上了综合考察茶叶品质和更加重视茶叶饮用功能的道路，强调加工理论和技术创新，茶叶冲泡饮用法的普及，革新了唐宋时期的"吃茶"文化。与此同时，宋代所崇尚的一些饮茶审美标准被一一弃用，取而代之的是崇尚品茶、方式从简、追求清饮之风，对茶品要求"味清甘而香，久而回味，能爽神者为上"，追求茶品之原味与保持自然之性。明清时期六大茶类相继出现，茶具趋于多样创新发展，主张用石、瓷、竹等制器，讲究天然。饮茶重视人文情怀，讲究精茶、真水、活火、妙器、闲情，强调品茶环境。

四、中国现代茶艺发展

清末以后，战乱不断，国势衰败，中华茶文化和茶艺发展都受到了严重影响。20世纪70年代以来，随着中华文明的复兴，茶文化作为一种特殊的传统文化样式再次兴起。茶艺作为茶文化发展中的高级形式迅速发展，饮茶相关的茶、水、器、境、技的审美倾向和水平日益进步，成为茶及相关茶业发展的重要导向和支撑力量，茶艺馆业的快速兴起为茶艺的发展提供了经济和技艺平台，各种层次的茶艺大赛为茶艺表演形式提供了大量创新源泉。茶艺表演成为各类商业活动中普遍应用，为大众熟悉和广泛参与的茶文化活动。茶艺师作为一种新兴职业被纳入专业化发展的渠道，越来越多的生活美学元素被融入茶艺领域，茶艺大有成为一种独立艺术事业和综合艺术门类的态势。

第三节 中国茶艺之美

茶艺是中国美学的集大成者，它集各种传统艺术于一身，如舞蹈、音乐、饮食、服饰、绘画、书法等。同时通过茶艺的表演流程，令这些艺术显示出原有的美学特征，又融会贯通，形成一种宁静、优雅的中国古典美。

一、形式美

茶艺具有独特的表演形式，既是日常的优雅生活方式，又是一种古典艺术的凝练。

其表演在方寸之间，可繁可简。论起简单，可以一方茶席、一张茶几、一套茶器、一位茶艺师，静谧茶室、幽幽山林、热闹街边皆可以行茶。论起繁复，需要焚香、挂画、配乐、助泡协助，等等。

茶艺表演需要简洁、明快，表演人员素颜亲和，动作缓慢、优雅，相配的焚香、挂画、配乐、舞蹈也要轻巧、淡雅，让人耳目一新、心灵荡涤，既能品尝茶叶的清香，感受环境的优美，又能得到心灵的慰藉。

茶艺表演最忌讳浓妆艳抹，环境宜宁静，配乐声音不能过大，不能大声喧哗和走动，以达到观赏与品茗结合的效果。

二、动作美

茶艺表演时，表演者的各种动作虽然相对于戏曲有些简单，但对手、眼、身体、面部表情等也有很高要求，需要通过动作表现茶文化的内涵和茶道精神。国内外茶艺表演的见解不同，甚至国内各流派的要求和动作也不尽相同，不过对动作的要求也有些宏观概括的约定：茶艺师上场及谢场时，要行半鞠躬礼，行礼时双手可自然交叉身前或垂于身体两侧；茶艺表演开始时，双手的动作要向身体内侧画圆，这是对客人的尊重；手臂运动要自然柔和，以曲线为主，柔中有刚；面部要带有微笑，口唇自然微启，视线要随着双手动作流动等。这些还是一些粗浅功夫，距离茶艺表演的要求很远，需要茶艺师的自我修炼融入气质当中，仅靠一些花哨的动作，如"关公巡城""凤凰三点头"等，是无法表现出雅趣和情调的。

三、结构美

茶艺的结构包括位置结构和动作结构两部分。位置结构是指舞台、茶席、茶艺师之间的关系和构成，茶艺表演时，茶艺师和茶具位置的摆放既要方便使用，又要具有美感，所有的器具干净，整个茶席清洁，茶艺师端庄周正。茶艺师在茶具使用和冲泡的过程中宁静与动感相结合，与整体的茶艺表演空间相和谐，给人以视觉美感和艺术享受。动作结构是指茶艺表演过程中动作间的关系和构成。每次冲泡和分茶之间的等待、茶艺师请茶与客人品饮之间的互动、动作停顿和连贯，都需给人以留白与泼墨相结合的艺术效果。

四、环境美

品茶的环境不仅限于一张茶桌，还需要在整体上进行布置，茶艺的空间布置须体现茶道精神，自然幽静。无论室内、室外，都要以增加茶艺表演的整体感受为核心。在室外应以江南园林的自然和谐为基调，在室内应以清洁淡雅为主题，幽幽而来，淡淡而去。若有解说，娓娓道来；若有弹唱，轻声细语。摒弃一切杂音和噪声，人员静坐为主，不宜过多走动。同时，可根据不同的茶、不同的季节，布置不同的背景，体现四时

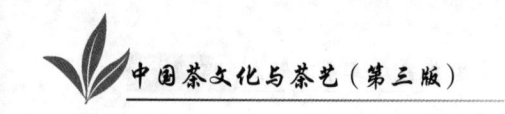

变化，冬季布景应选择暖色调，夏季布景应选择冷色调。也可引花草树木入茶室，赏心悦目，可挂画、设屏风美化茶室，提升观感。

五、神韵美

综合茶艺的形式美、动作美、结构美和环境美，茶艺之神韵跃然而出。茶艺的神韵既是前面四者的结合，也是超越四者的统领。茶艺的神韵美概念虽然抽象，但具体到茶艺师的每个动作和表情，茶席上每个器具的摆放和使用，茶室里的每一处布置和摆设，皆可体现其神韵。

茶艺可以区分为下品、上品和神品。没有个性、没有特点，东拼西凑的"混合型茶艺"都属于下品；编排合理，有一定茶文化内涵的茶艺可归为上品；神品的要求很高，不但要有个性、有特点、有茶文化内涵，更要有一定的茶道精神、一种神韵在其中，达到出神入化的境地，这才是茶艺表演的极致。茶艺的神韵美重点还在茶艺师的表演方面，表演到了一定境界，内容与形式相得益彰，茶艺师口虽不言，但身体的每一个动作都在彰显个性与茶道。所以，作为一名优秀的茶艺师，需要处理好形式与内容、个人修养与技艺修炼的关系。善良美好的人性通过茶艺凸显出来，不仅是一个优秀茶艺师应该经常思考和实践的话题，还是评判茶艺表演有没有神韵美的标准。

第四节　古代茶艺

"茶艺"是一个现代新兴名词，茶艺的内涵、表现形式也因时代而演变，但溯其源，茶艺应萌芽于先秦至初唐时期，兴盛于唐宋时期，变革于明清时期。古代茶艺的演变由唐代以前的混煮法发展为唐代的煎茶法、宋代的点茶法，再发展到明清时期的渝茶法，茶艺的内容变得更加丰富。

一、初唐前——茶艺的萌芽时期

初唐前是中国茶艺的萌芽期，该时期人们发现茶叶具有解渴、提神和治疗疾病的功效，甚至可以食用，逐渐形成"生煮羹饮"的茶作羹饮生活方式。如《晋书》中记载："吴人采茶煮之，曰茗粥。"茶叶作为饮料，逐步形成茶文化起源于巴蜀。因此，巴蜀也是"中国茶叶或茶叶文化的摇篮"。清代顾炎武在《日知录》中记载："自秦人取蜀而后，始有茗饮之事。"早期形成的煮茶规范是茶艺形成的雏形。这从晋代杜育的《荈赋》可以看出，其文中记载："水则岷方之注，挹彼清流；器择陶简，出自东隅……沫沉华浮，焕如积雪，晔若春敷。"从选水、选器煮茶到酌茶、品茶，再上升到赏茶的茶艺美学，预示着茶艺从物质层面提升到了精神层面。随着饮茶成为人们的日常生活习惯，这一时期，饮茶的作用进一步得到发展。史料记载，东晋迎客礼仪是饮茶，敬茶是南北朝时期南方待客的礼仪。而孙皓以茶代酒、陆纳等人以茶示俭的故事，则反映出茶事已经和儒家倡导的廉洁俭朴的君子风范相结合，茶人追求的高尚情操为茶艺的内容注入了较高的文化品位。

二、唐宋——茶艺的兴盛时期

（一）唐代的烹茶法

中国茶艺最早的表现形式就是唐代的烹茶法，这种方法是将茶叶放入烧沸的水中煮开饮用，形成一道成熟的烹茶程序。其步骤是"晴，采之，蒸之，捣之，拍之，焙之，穿之，封之，茶之干矣"，接着取火、择水、候汤，"三沸之后酌茶、啜饮"。而且唐代出现了专用的茶器具，陆羽《茶经·四之器》中就详细记载了24种茶器具。同时，茶艺表演规定穿黄衫、戴乌纱帽、手执茶器进行讲解，表明饮茶向观赏性、艺术化方向发展，茶艺的表演功能得到提升。饮茶方式上还有庵茶法、煮茶法等，但以烹茶法最为盛行，它也成为中国最早的茶艺表现形式。

另外，唐代已经形成茶文化，唐代茶文化形成的重要标志是唐建中元年（780年）陆羽的《茶经》问世。该书记载了茶叶生产的历史、源流、现状、生产技术，还包括饮茶技艺，并且提出"越瓷青而茶色绿"的茶器美学主张。同时唐代封演《封氏闻见记》卷六有这样的记载："于是茶道大行，王公朝士无不饮者。"这表明唐代饮茶盛行于民间、宫廷、文人，从而形成宫廷茶道、寺院茶道、文人茶道、平民茶道。尤其是唐代的文人，通过文、诗、画、歌与茶相结合，创造了大量作品，超越了唐代以前的数量，文人们以茶喻人、以茶明志、借茶抒情，极大地丰富了茶文化内涵，提升了茶文化的品位，从而促进茶艺的全方面发展。

（二）宋代的点茶法

茶兴于唐而盛于宋，宋代的茶叶种植面积是唐代的2~3倍，生产规模迅速扩大，出现专业户和官营茶园，制作工艺更精致，茶事广泛盛行于官场与民间。唐代的烹茶法逐渐被淘汰，点茶法盛行。宋代点茶法和唐代烹茶法最大的区别是不再将茶末放到锅里去煮，而是将其放到茶盏里用瓷瓶烧开水注入，再加以击拂产生泡沫后饮用，也不再添加食盐，以保持茶叶的真味。蔡襄《茶录》记载："罗细则茶浮，罗粗则末浮"，"钞茶一钱匕，先注汤调令极度匀。又添注入，环回击拂，汤上盏可四分则止。视其面色鲜白，着盏无水痕为绝佳"。这也表明宋代点茶不仅具有技术性，而且更具有艺术性特点。

宋代盛行斗茶，即茶艺比赛，通过点茶法使得茶艺更具观赏性和艺术性。这种茶艺比赛通常几个好友相聚，煎水斗茶，互相审评，看谁的点茶技艺更高明，斗茶时还有两条具体的标准。一是斗色，看茶汤表面的色泽和均匀程度，鲜白者为胜；二是斗水痕，看茶盏内的汤花与茶盏内壁相接处有无水痕，水痕少者为胜。宋代诗人范仲淹在《斗茶歌》中记载"北苑将期献天子，林下群豪先斗美""胜若登仙不可攀，输同降将无穷耻"，描述了当时斗茶竞争激烈的程度。宋代文人们对斗茶的喜爱，有利于促进宋代茶具设计创新和制茶技术提高，推动了茶叶品饮方法和泡茶方法的改进，使宋代茶艺向成熟的高级阶段迈进。

三、明清——茶艺的变革时期

明代瀹饮法是中国茶艺史变革的重要标志，也是中国饮茶由繁变简的重要历史转折点。明洪武二十四年（1391年），太祖朱元璋下诏："罢造龙团，唯采茶芽以进。"这说明明代开始废除团茶而兴散茶，皇宫进贡茶由饼茶改为芽叶形的蒸青散茶，并规定了探春、先春、次春、紫笋4个进贡的品种。皇室提倡饮用散茶，民间更是蔚然成风，并逐渐形成了瀹饮法。瀹饮法是将茶叶放入茶壶或茶杯中，用开水直接冲泡即可饮用，这种方法不仅简便，而且保留了茶叶的清香味，受到讲究品茶情趣的文人们的喜爱与推广，从而沿用至今。

明清时期茶饮的最大贡献是完善了工夫茶艺。工夫茶艺是由嗜茶的文人经过长期实践，加工提炼而形成的品茶技艺，它的突出特点在于茶具配备十分讲究的宜兴紫砂，烹制过程考究严谨，喝茶讲究小杯细品，泡茶、饮茶行为达到与内心的和谐统一，体现饮者的至高境界。而且，明清的茶艺流程简化后，促进了茶人与社会、自然的和谐，茶艺的艺术功能得到了极大发挥，充分体现了"天人合一"的中国古代哲学思想。

第五节　现代茶艺

现代茶艺发端于我国台湾，饮茶之风盛行于岛内，茶艺馆大量开设，台湾茶艺的蓬勃发展开创了现代茶艺的新时代。1988年，范增平教授第一次应邀参访祖国大陆时，在上海演讲和公开表演茶艺，经《人民日报》（海外版）、《文汇报》报道，"茶艺"一词首次出现在我国大陆。范教授认为，茶是与人关系密切的生活饮料，他以茶为媒介和载体，全身心地投入对中国茶文化的研究之中。先后出版《台湾茶文化论》《台湾茶业发展史》《中华茶艺学》《生活茶艺馆》等多部著作，发表论文多篇。

一、范增平对中国茶文化所做的贡献

（一）范增平在中国茶文化上的理论总结和创新

第一，在形式上，集中国饮茶风俗之大成，创立了完整的茶会"范式三段十八步"，凸显了中国茶文化的形式美，主要内容如下。

（1）前置阶段：品茗或茶会开始，先选定时间、选择场地、整理环境、备好道具、营造气氛。

（2）操作阶段：茶会的过程，分为丝竹和鸣、恭迎嘉宾、临泉松风、孟臣温暖、精品鉴赏、佳茗入宫、润泽香茗、荷塘飘香、旋律高雅、沐淋瓯杯、茶热香温、茶海慈航、热汤过桥、杯里观色、幽谷芬芳、听味品趣、品味再三、和敬清寂十八步。

（3）完成阶段：清除茶壶内的茶渣、清理桌面和茶具，不能留下污秽痕迹，茶会圆满结束。

第二，在内涵上，给中国茶文化注入了具有中国特色的学术思想，从根本上提升了中国茶文化的学术理念。范增平教授对茶艺进行了广义和狭义的概括，广义的茶艺是指研究茶叶的生产、制造、经营、饮用的方法和探讨茶业原理、原则，这个概念范围较广，几乎囊括了茶文化和整个茶学；狭义的茶艺是指研究如何享受一杯好茶的艺术。

第三，在人与茶的关系上，强调饮茶对人生哲学的影响，使茶的清香、高雅和牺牲精神成为中华民族形象的一个代表。范教授认为茶艺是文化最亲切的部分，小而观之，"开门七件事，柴、米、油、盐、酱、醋、茶"中，茶是人们生活中的必需品之一；大而言之，在人文社会科学中，有关社会、民俗、赋税、文学、艺术等的发展，无不与茶有着密切的关系。所以范教授在《建立有茶有道的世界》一文中写道："茶文化是中国人的生活文化，已有一千多年的历史了，茶树的根深深地扎在我们的泥土上，枝叶高耸至蔚蓝的天空，茶叶的乳汁滋润着我们的生命，亲和着人心，散布着情感，茶和中国人的生活紧紧地结合在一起，在悠久的历史中，它的清香和高雅，成为刻画中国的重要形象。"

（二）范增平为弘扬中国茶文化所做的社会工作

1. 建立中华茶艺协会，推动台湾茶艺文化的发展

范教授为了使更多人认识和了解中国茶文化，他从1981年开始，放弃了其他工作，前后典卖了两栋房子，加上所有的积蓄，并于1982年组成"中华茶艺协会"，专门从事茶文化的推广工作。现在该协会已有会员1700多人，多年来举办过无数次社会活动。

（1）为改善社会人心，倡导社会的和谐、友爱气氛。范教授独资开设了"良心茶艺馆"，多年来任由人们品茶、聊天、看书赏画，而凭各人的"良心"自动投币。

（2）提倡"香味社会"，以书香、茶香、花香来温馨家庭、美化社会，在台湾城乡引起了很大的反响。

（3）努力把茶艺带入校园，倡导大学生享受高雅的课外生活。至今台湾大学都成立有茶艺社，极大丰富和提高了大学生的生活品质。

（4）推动"喝茶的男人不会变坏"活动，鼓励男人多喝茶、少喝酒、不抽烟，使男人重视家庭生活。

2. 担任"茶艺特使"，推动两岸文化的交流

1988年，范教授作为从台湾到大陆的第一个"台湾经济文化探问团"的成员飞抵上海，从此开始了他作为"茶艺特使"的特殊使命。1988年6月20日到达上海，作为访问团代表的范教授在上海与壶艺大师许四海先生公开谈论茶艺，这是大陆首次认识"茶

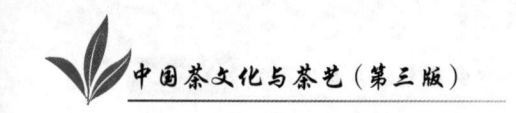

艺"这个名词。当年7月9日,上海《文汇报》也在专栏上称范增平为"茶艺特使",7月25日的《人民日报》随即转载了这篇"台湾茶艺特使在上海"的专访,这篇专访是开启两岸茶艺交流的重要里程碑,也使新生名词"茶艺"在大陆正式出现。

多年来,他百余次往返于海峡两岸,深入中国的各类大学、学社,进行茶文化的传播和推广,在北京、上海、江西、广东、浙江、福建、辽宁、湖南等地都留下了足迹,听他讲授茶艺课的听众数以万计,为两岸的茶文化交流做出了突出的贡献。他曾对记者说:"由于茶文化在台湾的传播,促使台湾人民'饮茶思源',对于祖国内地名茶的追求与需要与日俱增,探访内地名茶产区也成为台湾同胞的心愿,内地的许多名茶的原产地都是台湾同胞耳熟能详的地方。海峡两岸中国人都有共同的心愿:中国要统一起来,所谓'两岸品茗,一味同心'正是这种两岸亲情、茶情的写照。"

3. 积极推进中国茶文化的国际交流,扩大中国茶文化在国际上的影响力

为了扩大中国茶文化在国际上的影响,范教授把茶定义为"和平的使者",以"有教无类"之心,招收国外学员学习中国茶艺。同时出访韩国、日本、马来西亚、新加坡等国,展示中国茶艺之美,让中国茶艺得到更多人的肯定和认同。除了讲学,范教授还协助浙江省成立了"国际茶文化研究会",并成功地举办了几届国际茶文化研讨会,极大地扩大了中国茶文化在国际上的影响力。

二、现代茶艺的表现形式

现代茶艺是根据现代人的需求,按照现代人的审美观,在挖掘中国传统茶艺精华的基础上,不违反中国的茶理,不违背茶艺的流程,在符合茶艺定义的前提下进行创新的茶艺。该定义着重强调泡茶人(茶艺师)的技艺,将泡茶流程表演"艺"境化,让品茶人体悟到"艺"境,否则就是"茶技"。现代茶艺主要包括环境、精茶、洁具、好水、好火、定汤、茶艺师、品茶人八大要素。前六大要素称为硬件要素,后两大要素称为软件要素。现代茶艺的表现形式主要包括表演型、待客型、营销型和养生型4种。

(一)表演型茶艺

通过茶艺师根据不同品种类型的茶向人们展示泡茶的流程与技巧,既可以吸引观众与媒体的关注,又可以宣传并推广茶知识、茶文化。这种类型的茶艺借助舞台艺术的包装,让观众的视觉、听觉、味觉、嗅觉达到最佳体验,充分展示出茶艺生活性与艺术性的完美融合,极大地提升了茶艺的艺术感染力,适用于民俗旅游活动、大型聚会、节庆活动等。

(二)待客型茶艺

由一名主泡茶艺师与客人围坐,一同欣赏制茶的过程,一同品茗。这种茶艺类型要求茶艺师详细解说泡茶的每个细节,讲解的语言与动作要自然、亲切,服饰、妆造讲究简单朴素。客人与茶艺师可以双向互动,近距离领略茶的色香味韵,可以探讨泡茶技

术，交流茶道精神与人生情怀，从而升华双方的情感。这种类型的茶艺最适用于茶艺馆、机关、企事业单位及普通家庭。

（三）营销型茶艺

借助茶艺来促销茶叶、茶具，同时也推广茶文化。这类茶艺的演示需要备有审评杯或盖碗，但表现形式灵活，没有固定的程序和解说词，主要包括看人泡茶和看人讲茶两个环节。看人泡茶，是指根据客人的年龄、性别、生活地域，冲泡出最适合客人口感的茶，展示出茶叶商品的保障因素（如茶的色、香、味、韵）。看人讲茶，是指根据客人的文化程度、兴趣爱好，巧妙介绍茶的魅力因素（如名贵度、知名度、珍稀度、保健功效及文化内涵等），以激发客人的购买欲望，产生即兴购买的冲动，甚至惠顾购买的心理。这类茶艺适用于茶厂、茶庄、茶馆等。

（四）养生型茶艺

通过品饮不同品种的茶，既让饮茶人通过茶的药用功效调理身体，又可使之领悟茶道精神与茶文化，从而提高自身的品位。这一类型茶艺主要包括传统养生茶艺和现代养生茶艺。前者是指借助中国佛教、道教的调身、调心、调息、调食、调睡眠、打坐、入静或气功导引等养生功法，与中国茶道精神相结合，让人们在修习茶艺的过程中，以茶养身、以道养心、修身养性、延年益寿。后者是指根据不同花、果、香料、草药的性味特点，基于现代中医学研究成果，调制出适合自己身体状况和口味的养生茶。养生型茶艺提倡自泡、自斟、自饮、自得其乐，受到越来越多茶人的欢迎。

第六节　宗教茶艺

中国不但是茶的故乡，而且是茶文化的发源地，中国茶艺深受传统文化的影响，同时在发展中还不断地汲取道教和佛教文化，丰富茶艺的表现形式，也使茶艺融入更多的宗教文化，其表现形式与宗教紧密相关。

一、道教

道教是中国固有的宗教，它最早将茶引入其宗教活动，对茶艺的影响最为久远。道教宫观多种植有茶树，道士以茶作为待客礼仪，以茶作为祈祷、祭献、斋戒，以及"驱鬼捉妖"的祭品。唐代道士饮茶尤为盛行，饮茶成为道家修炼的重要辅助载体，献茶也成为祭祀时祈祷作法等场合的关键程序。道家所崇尚的自然的理念、静的文化特质、隐逸的生活方式，都深刻地阐述了道教淡泊超逸的心志，与茶的自然属性非常相近，折射出茶文化虚静恬淡的本性。道家喜好饮茶，道士日常饮茶、泡茶，会促进茶艺技术的提高，泡茶、品茶过程与道家虚静恬淡、随顺自然的思想相结合，一定程度上将茶艺的表现形式融入了超脱自然的道教意境中，从而推动了茶艺发展。

二、佛教

佛教修行之法是"戒、定、慧"，也就是戒酒荤，讲究坐禅修行，达到忘我的境界，尤其是坐禅修行，与饮茶存在着密不可分的关系。坐禅耗损体力，凝神静气，而饮茶可以调整精气，提神清心静境，从而有助于僧人悟出禅机。因此，历来就有"茶中有禅、茶禅一体、茶禅一味"的记载，意思是说禅与茶叶同为一味，品茶是参禅的前奏，参禅是品茶的目的，两者达到了水乳交融的境地。

唐代佛教尤其盛行，僧人饮茶习以为常。由于众僧人喜欢饮茶，茶的种植面积进一步扩大，茶叶采制技术得到提高，饮茶的文化内涵得到丰富，形成了"名山有名寺，名寺有名茶"的状况。其中，安徽"黄山毛峰"产于黄山松谷庵、吊桥庵、去谷寺一带，江西庐山招贤寺产"庐山云雾"，杭州的龙井寺产"龙井茶"。茶与佛教关系紧密，饮茶也成为严肃且规范的礼仪，成为茶艺的重要表现形式。各寺院于左厢设有茶堂，供寺僧饮茶，并以击茶鼓为号来确定饮茶时间，还设有专职烧水煮茶、献茶的茶头，寺门前有专门为游人惠施茶水的施茶僧，逢佛教节庆大典，会举行庄严、盛大的茶仪。

宋代佛教文化与饮茶文化的交融同样紧密，推动茶艺的表现形式进一步丰富。其中被誉为"江南禅林之冠"的浙江余杭径山寺的"径山茶宴"尤为突出，并且形成固定的、规范的茶宴礼仪。其程序为：首先是沏茶，由住持亲自调沏香茗"佛茶"；之后是献茶，由寺僧们献给赴宴来宾；接着是饮茶，赴宴者接茶后开茶碗盖闻香，并举碗观赏茶汤色泽；之后是品茶，饮茶者品评茶香、茶色，并盛赞主人的道德品行；最后是论佛诵经、谈事叙宜。宋代每遇寺院作斋会时，都会举行"茶汤会"，借向民众献茶展示佛教的乐善好施。可以说，佛教进一步完善并丰富了茶艺的表现形式，推动了茶文化和茶艺的传播，这也使其成为中国茶文化的重要组成部分。

第七节　少数民族茶艺

中国少数民族众多，民族饮茶方式多样。少数民族根据所处地理环境、生活习惯的差异，创造出许多独具特色的制茶、饮茶、品茶的方法与制作流程，丰富了饮茶器具的种类，极大地推进了茶艺表现形式的多样化发展。

一、回族茶艺

回族茶艺不但传承了传统的茶文化、茶道，而且具有浓郁的民族特色和地域风情。回族饮茶历史可以追溯到唐朝贞观年间，其饮茶方式多样，最典型的代表是喝刮碗子茶，也称"三炮台"。它的茶具由茶碗、碗盖和碗托或盘组成，茶碗盛茶、碗盖保香、碗托防烫。喝茶时，一手提托，一手握盖，并用盖顺碗口由里向外刮几下，这样一则可拨去浮在茶汤表面的泡沫，二则使茶味与添加食物相融，刮碗子茶由此得名。通常盖碗茶用沸水冲泡，随即加盖5分钟后开饮。第一泡以茶的滋味为主，主要是清香甘醇；第二泡因糖的作用，有浓甜透香之感；第三泡开始，茶的滋味变淡，可放入各种干果，主要包括苹果干、葡萄干、桃干、红枣、桂圆干、枸杞子、白菊花、芝麻8种，故刮碗子茶也有"八宝茶"之称。

回族茶艺包含优雅的表演、动听的旋律、曼妙的舞姿，很具观赏性。茶艺表演主要包括介绍茶具、鉴茶、净具温杯、配茶、摇香、沸水沏茶、敬茶、品茶等，配乐为回族民间的"宴席曲"。特别值得一提的是，回族饮茶的茶盅、茶杯品种丰富、形态各异，其中当数花鸟山水图案深受饮茶者的欢迎和喜爱。

二、白族三道茶茶艺

喝三道茶是白族的长辈在晚辈学艺、婚嫁、求学时的一种美好祝愿的习俗，后也用来盛情款待宾客。白族三道茶一般由家里或族里长辈制作，由家里或族里岁数最长、最有威望的人主持三道茶的仪式。白族三道茶寓意人生"一苦，二甜，三回味"的哲理，它的茶艺表演如下。

第一道为苦茶。首先，将小砂罐置于文火上烤热后，立即取适量茶叶入罐内，不停地转动砂罐让茶叶受热均匀，直到茶色转黄散发焦香，立即注入烧沸的开水。最后将沸腾的茶水倒入茶盅内，双手举盅呈给客人饮用。这第一道茶经烘烤、煮沸后色如琥珀，焦香扑鼻，通常只倒半杯并且一饮而尽，但入口非常苦涩，寓意"要想立业，必先吃苦"的道理。

第二道为甜茶。当来客喝完第一道茶后，主人重新用小砂罐置茶、烤茶、煮茶，与第一道茶不同的是在茶盅中放入少许红糖、白糖、白芝麻和核桃仁等，茶汤倒入茶盅内，约八分满。这第二道茶，苦中带甜，寓意"人生在世，做什么事，只有吃得了苦，才会有甜"的道理。

第三道为回味茶。其置茶、烤茶、煮茶方法与前者相同，只是茶盅内的原料变成蜂蜜、炒米花、花椒、核桃仁等，茶汤倒入约七分满。饮茶时，需晃动茶盅，使茶汤和作料混合，趁热饮下。这第三道茶聚合了甜酸苦辣之味，寓意"先苦后甜"的哲理。

三、藏族酥油茶茶艺

喝酥油茶是藏族同胞的传统习俗，酥油茶也是藏族同胞最爱喝的饮料。由于藏族人生活在高寒干旱的"世界屋脊"，常年以奶、肉、糌粑为主食，缺少蔬菜，"其腥肉之食，非茶不消，青稞之热，非茶不解"。因此，茶叶成为藏族同胞日常营养补充的重要来源。

酥油是把牛奶或羊奶煮沸，冷却后凝结的一层脂肪。酥油茶是由唐朝文成公主创制的，其加工方法比较讲究，茶叶一般选用紧压茶类中的普洱茶、金砖等为原料。煮茶用两口锅，一口锅用来烧水，水煮沸后再把捣碎的茶投入其中。另一口锅煮牛奶，煮到表面凝结一层酥油时，再将牛奶倒进盛有茶汤的打茶筒内，并放适量的盐、糖，接着盖住打茶筒，抓住打茶筒中的长棒，上下来回地搅拌，直到茶、酥油、盐、糖等充分交融，香味浓郁的酥油茶就制作完成了。

喝酥油茶对茶具要求极为讲究。以金属制作的壶为主，其中有银壶、铜壶、铝壶、瓷铁彩花壶等，壶嘴、壶把造型别致，壶的颈腹部多绘有彩色民族图案。茶碗多为木质品或瓷制品，上面都有银或铜的镶嵌，也有翡翠制作的。打酥油茶用的茶筒多为铜质、银质，甚至还有用黄金加工而成的。藏族同胞喝酥油茶很讲究，宾客上门入座后，主妇会立即奉上糌粑，然后分别递上一只茶碗，很有礼貌地按辈分大小，一一倒上酥油茶，最后热情地邀请用茶。客人喝酥油茶时，不能端碗一饮而光，一般每喝一碗茶，都要留下少许，这被看作对主妇打茶手艺的一种赞许。

四、傣族竹筒茶茶艺

云南省西双版纳、德宏、孟定等地是傣族主要聚居的地区，该地区山川秀丽、竹林密布。竹筒茶成为傣族人世代相传的传统茶饮，它的配料主要包括晒青毛茶、新鲜茶叶、蜂蜜和甘甜清澈的天然山泉，其泡制步骤如下。

（1）装茶。将采摘细嫩并经过初加工的毛茶放入一年左右的嫩香竹筒中，摆放以分层装实的方式，而且必须使茶叶装满竹筒为最佳。

（2）烤茶。把装满茶叶的竹筒放在火塘边烘烤，需要每隔4~5分钟翻滚竹筒一次，以竹筒色泽变成黄色作为停止烘烤的判断标准。

（3）取茶。等茶叶烘烤完毕后，用刀劈开竹筒，就可以取出清香扑鼻的竹筒香茶了。

这种方法制成的竹筒香茶，具有茶香、竹香和糯米香3种香味，也具有芽叶肥嫩、白毫特多、汤色黄绿、清澈明亮、香气浓郁、滋味鲜爽的特点。只要取少许茶叶用开水冲泡5分钟，即可饮用，具有生津止渴、健体美容的功效。

五、蒙古族咸奶茶茶艺

喝咸奶茶是蒙古族的传统饮茶习俗。咸奶茶的茶叶主要是青砖茶或黑砖茶，这种砖茶内含丰富的维生素C、蛋白质、氨基酸和芳香油等人体所需的营养成分。蒙古族人喜欢喝热茶，每家每天煮一锅咸奶茶，用于一日3次饮用。喝奶茶时，还泡着炒米、黄油、奶豆腐和手把肉。奶茶不但可以帮助消化肉食，补充大量维生素，而且可以暖身御寒。因此，蒙古族牧民流传着"宁可一日无食，不可一日无茶"的俗语。

蒙古族人酷爱喝咸奶茶，其制作流程如下。第一步，先把砖茶打碎，将洗净的铁锅置于火上，盛水 2~3 升。第二步，水沸腾时，放上捣碎的砖茶约 25 克。第三步，水再沸腾 3~5 分钟后，掺入牛奶，用量为水的 1/5 左右，用勺搅动至茶乳交融。第四步，按需加适量盐巴，当锅里茶水开始沸腾时，咸奶茶就煮好了。蒙古族煮咸奶茶看起来比较简单，其实滋味、品质与放的茶、加的水、掺的奶、烧的时间，以及先后次序都有密切的关系，烧煮时间过长就会使咸奶茶的香味逸尽。蒙古族人民认为，只有器、茶、奶、盐、温五者相互协调，才能煮出咸甜相宜、美味可口的咸奶茶。

【复习与思考】

1. 茶艺与茶道、茶俗的区别是什么？
2. 简述茶艺的发展历史。
3. 茶艺之美体现在哪几个方面？
4. 古代茶艺有哪些发展阶段？
5. 宋代点茶法和唐朝烹茶法的区别是什么？
6. 现代茶艺表现形式有几种？
7. 中国茶艺与宗教的关系是什么？

第十二章

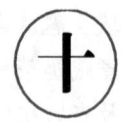

中国茶人

本章导读

茶人是中国茶文化的继承者与传播者。本章阐述茶人的概念、茶人的精神和内涵，列举最具代表性的中国茶人。

【学习目标】

熟悉茶人的概念，掌握中国茶人的精神和内涵，了解中国著名茶人代表。运用茶人、中国茶人精神与内涵的理论知识，提升学习和宣传中国茶人精神的能力。

第一节 茶人的概念

茶人是中国茶文化的继承者与传播者，也是茶艺的最美传播载体。茶人不仅是好茶、知茶、识茶之人，还是深谙茶道、清怡雅仁、敬业奉献之人。

唐代诗人皮日休、陆龟蒙的茶诗中最早出现"茶人"，白居易《谢李六郎中寄新蜀茶》诗中写到"不寄他人先寄我，应缘我是别茶人"，陆羽《茶经》有云"茶人负以采茶"。根据以上古代诗人对茶人的描写可知，茶人是精于茶道、善于采茶、通于茶叶生产之人。张小霖和刘启贵（1994年）认为，可从狭义和广义上可将茶人分为3个层次：（1）专事茶业的人，包括专门从事茶叶栽培、采制、审评、检验、生产、流通、教育、科研的人员；（2）与茶业相关的人，包括研制茶叶器具、研究茶叶医疗保健，以及从事茶文化宣传研究和艺术创作的人；（3）爱茶人，广泛包括饮茶人和爱茶的人。鲁明

(2001年)认为，茶人吃茶，懂得茶叶品质、类别，讲究饮茶的器具，熟知泡茶的技艺，能说出一套茶文化的理论。赖功欧（2013年）从文化角度将现代茶人界定为专作茶文化事业的职业工作者，现代茶人的特点是通趣于茶文化、雅好于茶艺、探究于茶学、溯源于茶史、精审于茶品、钟情于茶饮、把玩于茶具、升华于茶哲，无不为真正茶人；而对茶文、茶书、茶诗、茶画、茶挂等爱好者，无一不具茶人的身份。随着工业社会快速发展及制茶技术的提高，茶艺表现形式日益多样化，茶文化传播日益广泛，饮茶的人日益增加，茶人的内涵会更加丰富。

基于以上分析，茶人是通晓茶叶生产、加工和销售者，擅长各类茶艺制作技艺和表演者，精通茶俗、茶道和茶文化者，好研茶史、茶文学、茶栽培、茶技艺和茶理论者。茶人涵盖茶叶的工业化、茶艺的服务化和茶文化的研究与传播化过程中的爱茶、知茶和识茶之人。这有助于推动以茶为载体的茶人、茶事、茶艺、茶俗、茶道和茶文化的推广与传播，促进茶文化跨地区、国家、行业和阶层的传承与发展。

第二节 茶人的精神

随着茶人数量不断增长，各行各业的茶人所表现的茶人精神内涵日益丰富，茶人精神有利于推动茶文化的传承与发展，促进社会和谐。因此，深入探讨茶人精神的内涵、分析茶人精神的内容，对发扬茶人精神具有重要的现实意义。

一、茶人精神的内涵

从茶文化的发展来看，古代茶圣陆羽认为茶人应该具备"精行俭德"的品行，唐代刘贞亮基于陆羽"精行俭德"的观点提出"茶十德"（循礼法、行仁义、谦恭平和、净心高雅等）。宋代欧阳修于《尝新茶》中提出茶人应具备清醇幽雅之气质、坦诚高洁之情操。明代认为茶人精神是情操高尚、志同道合的"佳客"。现代茶人精神的内涵与时俱进，钱梁教授提出茶人精神内容包括"爱国、奉献、团结、创新"，也即"默默地无私奉献，为人类造福"，这种观点被学术界和业界普遍认同。而茶学大师庄晚芳提出了"廉俭有德，美真康乐，和诚处世，敬爱为人"的茶人精神。当前，茶人精神与爱岗敬业、乐于奉献等现代职业精神、道德观、价值观和义利观紧密相融，也是和谐社会的主要组成部分。因此，笔者也认为，茶人精神是指茶人在岗位上所表现出的无私奉献，为人类造福的道德情操、人格风范、精神风貌。而茶人精神由茶树的风格、茶叶的品性升华为茶人的品言、品行、品德、品性、品格、品质等更高的精神层面，内涵丰富的茶人精神也会极大地推动茶业、茶文化的繁荣发展。

二、茶人精神的内容

茶人精神是茶文化的核心，也是茶的物性和人的理性融合的产物。茶人精神不但继承了传统文化与民族文化的基因，而且也兼容并吸收了儒家、佛家、道家的人生、自然、禅悟的境界。与此同时，茶人精神通过以茶喻人的方式体现了人格化的生活、审美、追求和素养，生动展现了茶人的默默付出、无私奉献，以及为大众谋福祉的高尚情怀与品质。

（一）爱茶养生，品茶论道

爱茶是作为一名茶人的基础前提条件，此外，茶人还应该具有对茶感兴趣、了解茶知识、懂得品茶规范与礼节、追寻茶韵的情怀和感悟品茶人生之道的特点。茶人爱茶必是兴趣驱动使然，而茶的品种不同、产区不同、制作工艺不同、品尝风格各异的特点，要求茶人掌握丰富的茶知识。同时也要看到茶的品种不同、制作和礼仪不同，茶人口味不同、喜爱品茶的品种不同，对茶的茶韵和感悟也会有所差异。茶人以茶养生，强身健体，这是由于茶具有解毒醒酒、提神益思、降脂降压、防癌抗癌、美容减肥、延缓衰老等功效，茶是有益健康的理想饮料之一。古今茶人皆爱茶成痴，也喜好以茶论道，品茶感悟人生。茶人通过品饮品种不同的茶，从中体味甜与苦的人生历程，观察人生百态，体验世间万千变化。茶人通过品茶得道，将茶道转化而形成自己的人生观、价值观、世界观，从而形成了茶人自己的人格和人生哲学。

（二）崇尚自由，怡清淡利

古往今来，中国茶道均追求道法自然，茶人是茶道的核心。茶树、茶叶遵循自然规律而生长，茶艺表演充分体现了自然与朴素之美，清静的环境与自由放松的心情才能达到品茶的最佳意境，最终追寻"天人合一"的自然回归境界。这种境界是茶人品茶过程获得的怡情的身心感受，参与茶事活动让茶人获得怡目悦口的直觉感受、怡心悦意的审美领悟、怡神悦志的精神升华，以及清淡、清雅、清爽、清静的清者心态。淡利即淡泊名利，追求平和质朴的人生境界，尤其强调朴素自然，淡中显现出的不是枯淡无味，而是平淡中有华彩、有滋味、有无穷余味的境界。这与茶人于茶道活动过程中接触淡雅的环境、素淡的茶器、清淡的人心、恬淡的茶味相通。茶人这种崇尚自由、怡清淡利的精神对中国茶道必然产生重要影响，也成为中国茶文化的重要组成部分。

淡泊之美即不看重名利，追求闲适恬淡的生活，宛若和风微拂，隽永超逸，怡然自得。道家大多归隐，不愿踏入仕途，相对于社会，更关注个人，重精神而不重外在，重玄想而不重务实。中国古代文人在艺术审美上也追求超脱的淡泊境界，这种清淡之风对中国茶道产生了深刻影响，自然、恬淡之美赋予中国茶道美学无限的生命力和艺术魅力，使淡泊之美成为中国茶道美学的重要组成部分。

（三）静雅仁爱，茶禅人生

饮茶的心境应该是追求心灵与外界环境的清静，只有保持清静的心态，才能让自己身临最高的精神境界和艺术境界。在茶人研修茶道过程中，心静的心境与清静的氛围相融合，才能获得静雅的茶道境界。茶文化深受"儒、道、佛"思想的影响，体现了仁爱的精神，从而引申出无私奉献。佛家"普度众生"的观念深刻影响了茶文化，饮茶让人清醒地看自己、观天下。同时，僧人通过饮茶实践发现茶具有提神的功效，也带动寺院饮茶的普及，从而形成"茶禅一味"的说法。王玲（1995年）认为"茶禅一味"是指一种精神，是要学习茶清寂的态度和静的风格。茶人于茶中感悟禅意，体味苦寂，领悟生活的点滴，感受茶道的佛理禅机，借以达到修身养性、明心见性、净化灵魂的心境，从而培养广大茶人明澄的心境、洁身自好的精神，追求"天人合一"的最高人生哲学境界。

（四）爱岗敬业，无私奉献

"茶树生于灵山秀水，得天地清和之气，日月雨露之光华。"由茶树至茶芽，然后长出茶叶，再经摘、制、泡等工艺，最后成为香气四溢的茶饮品。这期间经历酷暑严寒、风霜雪雨，不同岗位的茶人辛勤劳作、无私付出。其中有茶农吃苦耐劳、默默耕耘的茶人精神；茶科研工作者脚踏实地、开拓创新的茶人精神；茶商诚实守信、创新经营的茶人精神；爱茶者高尚、仁爱、和善的道德情操，感悟茶道超凡脱俗的思想境界，从而成为和谐社会的积极奉献者，弘扬"茶为国饮"的倡导者，推广科学饮茶和促进茶叶消费的践行者，组成了爱茶者的茶人精神。茶树给茶人带来清新，茶叶给茶人带来健康，因此，茶人精神生于茶树，长于茶叶间，汲取茶树品性之精髓而升华为"默默地无私奉献，为人类造福"的茶人精神。

第三节 茶人的代表人物

一、茶圣：陆羽

陆羽（733—804年），唐朝复州竟陵（今湖北天门）人，字鸿渐，一名疾，字季疵，号竟陵子、桑苎翁、东冈子、东园先生、茶山御使。他撰写了中国乃至世界上第一部茶学专著《茶经》，对推动中国茶业发展和茶文化传播，甚至对世界茶业的发展做出了杰出贡献。陆羽一生嗜茶，精于茶道，被世人誉为"茶圣"。

陆羽一生专注于茶业研究，年仅22岁便离家遍游全国各地产茶区，逢山寻茶、遇泉品水、寻访茶农、记录茶事。他游历过长江三峡，辗转去了大巴山，踏访了彭州（四川成都）、绵州（四川绵阳）、邓州（河南邓州市）、雅州（四川雅安）等八州，游览了湘、皖、苏、浙等十数州群后，于761年（唐肃宗年间）到达盛产名茶的湖州（浙江湖州市），潜心研究茶事，阖门著述《茶经》。《茶经》问世后，为历代人所喜爱，盛赞陆羽为茶业的开创之功。宋陈师道为《茶经》作序："夫茶之著书，自羽始。其用于世，亦自羽始。羽诚有功于茶者也！"陆羽除在《茶经》中全面叙述茶区分布，并评价茶叶品质高下外，有许多名茶也首先为他所发现。如浙江长城（今长兴县）的顾渚紫笋茶，经陆羽评为上品，后列为贡茶；义兴郡（今江苏宜兴）的阳羡茶，则是陆羽直接推举入贡的。不少典籍中还记载了陆羽品茶鉴水的神奇传说，《新唐书·列传》中有《陆羽传》。

《茶经》是一部记录茶叶生产的历史、源流、现状、生产技术及其饮茶技艺的综合性论著，是一部划时代的茶学专著，也是一部农学著作，是描述茶文化的科普书。全书共10章，分为上、中、下3卷。主要内容如下：第一章概述我国茶的主要产地及土壤、气候等生长环境和茶的性能、功用；第二章记录当时制作、加工茶叶的工具；第三章记录茶的制作过程；第四章记录煮茶、饮茶器皿；第五章记录煮茶的过程、技艺；第六章记录饮茶的方法；第七章记录我国历史上与饮茶相关的传说、典故；第八章记录当时产茶盛地，并品评其高下；第九章阐述饮茶器具何种情况应十分完备，何种情况省略何种；第十章记录陆羽主张把以上各项内容用图绘成画幅，张挂起来。

《茶经》开辟了一套全新的茶学、茶艺、茶道思想，是中国茶学划时代的标志性成果。陆羽对中国儒家学说悉心钻研，但又不被儒家学说所拘泥，而能入乎其中、出乎其外，把深刻的学术原理融入茶这种物质之中，从而创造、传播了茶文化，促进了中国茶业的发展。

二、茶仙：苏东坡

苏东坡（1037—1101年），字子瞻，又字和仲，号东坡居士，汉族，北宋眉州眉山（今四川眉山）人，北宋著名文学家、书法家、画家，也是"唐宋八大家"之一。苏东坡一生爱茶，他曾经游历过南方许多产茶区，不但精通茶叶功用和饮茶方法，而且非常熟悉茶树栽培和茶叶加工。他通过诗、词等文学作品来寄托对茶的厚爱，也留下了许多宝贵的茶文化遗产。

苏东坡深明茶理，他的《水调歌头》就详细记述了采茶、制茶、点茶的情景及品茶时的感觉。《汲江煎茶》这首诗记录了他亲自煮茶的感受，也诠释出煮茶的茶理，即品茶须好茶叶，好茶须好水配，煎茶须好火候，以沸水的气泡形态和声音来判断水的沸腾程度，充分说明他对煎茶的细微观察与深厚的文字功底。苏东坡追求雅趣的品茗生活，尤其对烹茶用具颇为讲究，"东坡提梁壶"是其专用茶具。他曾经买田置宅于宜兴，这是由于宜兴风景优美，紫砂壶特别适合品茶，此地又产茶中名品雪芽。苏东坡尤其偏爱用紫砂壶品茶，他为自己设计了提梁式紫砂壶，并在壶上题词"松风竹炉，提壶相呼"，后人遂将提梁壶称为"东坡提梁壶"。

苏东坡深谙茶道，追求禅茶人生。他在《次韵曹辅寄壑源试焙新茶》诗中写到"从来佳茗似佳人"，在《和钱安道寄惠建茶》中写到"我官于南今几时，尝尽溪茶与山茗"。表达了作者乐观豁达、宁静致远的茶人精神，以及一种视饮茶为仙境，而自我陶醉、自得其乐的意境，故后人称苏东坡为茶仙。

三、茶神：陆游

陆游（1125—1210年），字放翁，越州山阴（今浙江绍兴）人，南宋著名爱国诗人，深谙茶道，好赋茶诗。陆游在历代诗人中写诗数量居首者，创作数量达近万首，其中茶诗有300多首。陆游一生嗜茶，与茶渊源深远。

陆游是南宋颇有造诣的茶人，其茶诗所记录涉及宋代各类茶事。他曾担任过茶官，这使他有机会接触许多名茶和贡茶，从而通晓茶事、精于茶艺。他所创作的茶诗可以真实地反映宋代茶文化的发展，也可谓一部"续茶经"。陆游的茶诗主要包括以下几个方面内容：（1）记录了许多地方的花（果）茶及其品饮习惯，主要包括菊花茶（药用菊花茶和饮品菊花茶）、茱萸茶（日常饮品和祈福的茱萸茶）、姜茶、橄榄茶和梅花茶。通过他的诗作可以了解到不同茶的分类、功效，寻找到宋代不同的饮茶风俗习惯。（2）记录了贡茶的发展。主要详细记录了贡茶制作演变的过程，从中可以看出宋代贡茶制作极为精细；记录了贡茶的茶色以白为最佳、以"龙团胜雪"造型为最精致的特质；记录了贡茶主要分为建安茶和顾渚紫笋茶及分别的采摘时间。（3）记录了茶艺的分类。分茶可以说是宋代最为流行的茶艺表现形式，陆游的诗中记录宋代茶艺主要包括点茶、试茶、斗茶，并详细描述了它们的制作过程、特点和评判标准。从他的诗中可知，宋代茶艺表演最佳的形式是分茶，点茶仅是斗茶、试茶的重要组成部分，也从中反映出宋代社会茶艺审美需求的变化过程。

陆游的茶诗内容丰富、意蕴深刻。一方面，通过茶诗寄托怡雅淡泊的心境。品读陆游的茶诗，可以体会到淡淡的花果茶中透着清清的香气，在品尝贡茶的独特滋味中享受生活的恬淡，表现了乐观、静雅、超脱的茶人精神。另一方面，通过茶诗寄托人生抱负。陆游在茶诗中表达了深深的爱国情怀，其中《阻风》诗云："听儿诵离骚，可以散我愁。微言入孤梦，怳与屈宋游。"陆游将屈原视为知己，将自己的满腔爱国之情与屈原的爱国情感相联系，抒发了壮志未酬的复杂心绪。陆游的茶诗韵意深厚，包蕴了宋代（尤其是南宋）茶文化的丰富内容。

四、茶怪：郑板桥

郑板桥（1693—1765年），名燮，字克柔，号板桥，江苏兴化人，清代著名书画家、文学家，"扬州八怪"之一，世称其诗、书、画三绝。他通过茶诗、茶书、茶画，记录茶事，寄思于茶、寄志于茶，以茶寄托其茶人的情怀与精神。

郑板桥偏爱品茗生活，他将茶视为清除烦劳的良药。这当中有"除烦苦茗煎新水"的感受，也有"此间清味谁分得，只合高人入茗杯"的雅趣，他写到，"若是老天容我懒，暮年来共白鸥闲"，表达了他尤其喜欢品茶的生活情趣。郑板桥喜欢品茶，品饮的茶既有名贵的又有廉价的品种，根据他的作品记录，主要分为龙凤茶、松萝茶（"最爱晚凉佳客至，一壶新茗泡松萝"）、建溪茶（"头纲八饼建溪茶，万里山东道路赊"）、雨前茶（"此时独坐其中，一盏雨前茶，一方端砚石，一张宣州纸"）、菊花茶（"白菜青盐苋子饭，瓦壶天水菊花茶"），从中可看出他非常熟悉每种茶的功效。郑板桥不但好饮茶，而且对茶具颇为讲究。"好事春泥修茗灶，多情小碗覆诗阄"写出对茶灶的要求。"我亦有亭深竹里，酒杯茶具与诗囊"充分表明郑板桥将茶具与诗置于一样重要的位置。《李氏小园》中又写到，"杯用宣德瓷，壶用宜兴砂。器物非金玉，品洁自生华"，表明郑板桥对茶具的使用到了考究的程度。

郑板桥是历代写茶联最多的茶人。曾云："汲来江水烹新茗，买尽青山当画屏。"他将名茶好水、青山美景融入茶联，初看好似喜怒笑骂、玩世不恭，实际寄托了他对世俗社会的清醒认识，寄情于自然山水的乐观豁达的人生境界。

五、茶痴：蔡襄

蔡襄（1012—1067年），字君谟，兴化军仙游县（今福建仙游）人，北宋著名书法家，与苏轼、黄庭坚、米芾并称书法"宋四家"。他也是我国著名的茶学家，不但创制了小龙凤团茶，而且撰写了一部《茶录》。蔡襄一生爱茶，他曾云："衰病万缘皆绝虑，甘香一事未忘情。"这种痴迷程度，堪称千古一绝，故被称为"茶痴"。

北宋的小龙凤团茶是在龙凤大团茶的基础上经过创新而制成的最佳贡茶，它"始于丁谓，成于蔡襄"。宋仁宗时期，蔡襄担任福建转运使，亲赴北苑监制贡茶，将"龙凤大团茶"的标准剂量由8片为一斤改为20片为一斤的小龙凤团茶。这种茶选用特别鲜嫩的茶芽作为原料，辅以精美的龙凤图和花草作装饰，显得小巧玲珑，特别精致，进献给宋仁宗，获其青睐。后来小龙凤团茶成为朝廷珍品的贡茶，也促进了它的快速发展。

蔡襄亲自监制小龙凤团贡茶，不但深入了解了制作茶的原料，而且通晓茶的制作工艺。此外，他尤其喜好斗茶，也是一名斗茶高手。在积累了丰富的茶学经验知识的基础上，他撰写了《茶录》，虽只千余字，却非常系统。全文分为两篇，上篇论茶，系统地论及茶的色、香、味和藏茶、炙茶、碾茶、罗茶、候汤、点茶；下篇论茶器，介绍了茶焙、茶笼、砧椎、茶钤、茶碾、茶罗、茶盏、茶匙、汤瓶等器具。《茶录》既是茶叶技术专著，又是一部茶艺专著，标志着茶饮向艺术化行为的转化。

六、当代茶圣：吴觉农

吴觉农（1897—1989年），原名荣堂，后更名"觉农"（因立志要献身茶业，故改名"觉农"），浙江上虞人，中国著名农学家，现代茶学、茶复兴和发展的奠基人。他是最早论述中国是茶树原产地的茶人，也是在高等院校设置茶叶专业、创建全国性茶叶总公司和设立茶叶研究所的首创者，尤其是他所著的《茶经述评》，是现代研究陆羽《茶经》最权威的著作。陆定一指出，《茶经述评》被誉为"20世纪的新茶经"，是"茶学的里程碑"，吴觉农也可称为中国的当代茶圣。

为了推动茶业的市场化经营发展，1949年5月，吴觉农首次提出并成立了中国茶叶公司，并亲自兼任公司总经理，专业组织收购和加工茶叶、定制制茶机械、签订对外贸易合同等业务。高素质人才是茶叶振兴的关键。1940年，吴觉农在重庆复旦大学成立了第一个高等学校茶叶系，并担任主任。后来，他在福建武夷山创建了中国第一所国家级的茶叶研究机构，亲任所长，带领一批茶叶专业研究人员系统研究茶叶的栽培、制作、加工、贸易等，其研究成果产生了很大影响。

吴觉农特别注重对茶叶史料的搜集和研究。20世纪40年代，他组织中国茶叶研究所集体翻译出版了美国威康·乌克斯的《茶叶全书》，20世纪60年代起相继发表了《南茶业史话》《四川茶业史话》。1979—1983年，他主持编写了《茶经述评》，后来又出版了《地方志茶叶史料》一书。吴觉农所著《茶经述评》从国际视角来观察茶叶发展趋势，采用现代茶学最新研究理论成果来补充和解读陆羽的《茶经》，为科学论证《茶经》中茶树栽培、茶具造型、采制方法、煮茶饮茶方法等的合理性提供了理论依据。全书主要内容包括茶文化、茶经济、茶树栽培、茶叶加工与制作、茶叶审评与检验、茶叶生物化学等内容，涉及茶学的各个领域。吴觉农给后人留下了宝贵的茶人精神，主要包括实事求是、精益求精、知行合一、科技兴茶、贸易立业的精神财富，推动了中国茶业的发展、茶文化的继承与传播。

【复习与思考】

1. 什么是茶人？
2. 中国茶人精神的具体内涵是什么？

参考文献

[1] 苏旭. 中国古代茶具发展中的文化传承 [J]. 景德镇陶瓷, 2007, 17 (1): 34-35.

[2] 阮宇成, 王月根, 仰永康. 绿茶储存中氨基酸的变化 [J]. 中国茶叶, 1981 (2): 13-16.

[3] 余雄辉. 茶叶保鲜储存包装技术的研究 [J]. 广东茶业, 2001 (4): 29-32.

[4] 曾泽武雄. 茶的品质保存问题 [J]. 林寿恩, 译. 福建茶叶, 1980 (3): 41-49.

[5] 单秋月, 赵燕. 茶叶包装的材料选择与外观设计 [J]. 福建茶叶, 2015 (6): 76-77.

[6] 林津, 曹婵月, 杨文建, 等. 纳来包装及急冷处理对绿茶保鲜品质的影响 [J]. 食品科学, 2012, 33 (6): 247-251.

[7] 郭桂义, 罗娜, 等. 名优绿茶综合藏保鲜技术 [J]. 湖北农业科学, 2002 (6): 70-72.

[8] 郭桂义, 曹元礼, 王荣献. 名优绿茶品质劣变机理及储存保鲜技术 [J]. 中国茶叶加工, 2004 (1): 29-31.

[9] 陆松候, 施兆鹏. 茶叶审评与检验 [M]. 3版. 北京: 中国农业出版社, 2001.

[10] 郭桂义, 王广铭, 罗娜. 名优绿茶常温保鲜技术初步研究 [J]. 茶叶, 2001, 27 (3): 48-49.

[11] 程启坤, 姚国坤, 张莉颖. 茶及茶文化二十一讲 [M]. 上海: 上海文化出版社, 2010.

[12] 华子. 教你区分红茶和乌龙茶 [J]. 安全与健康, 2011 (11): 55.

[13] 刘淑娟, 钟兴刚, 李彦, 等. 保靖黄金茶冲泡方法研究Ⅱ红茶冲泡方法研究 [J]. 茶叶通讯, 2012, 40 (1): 24-26.

[14] 罗军. 中国茶密码 [M]. 北京: 生活·读书·新知三联书店, 2016.

[15] 闫海波,《健康大讲堂》编委会. 茶典 [M]. 哈尔滨: 黑龙江科学技术出版社, 2014.

[16] 周玉梅. 普洱茶冲泡的方法与品鉴 [J]. 云南农业科技, 2010 (5): 61-62.

[17] 陈海霞. 我国茶产品销售问题及对策研究 [J]. 福建茶叶, 2016, 38 (5): 79-80.

［18］法苏恬．最新茶馆设计百问百答［M］．长沙：湖南美术出版社，2010．

［19］樊丽丽．茶技茶艺与茶馆经营全攻略［M］．北京：中国经济出版社，2008．

［20］冯海莲．茶人商道：茶馆茶叶店不可不知的商道秘诀［M］．郑州：中原农民出版社，2011．

［21］王傢琪．茶产业的互联网+时代［J］．茶世界，2015（12）：45-47．

［22］姚建芳．互联网+茶：O2O式突围战［J］．茶世界，2015（12）：40-44．

［23］杨明君．电商企业O2O经营模式发展对策研究［J］．商业经济，2016（10）：86-88．

［24］周爱东．茶馆经营管理实务［M］．北京：中国商业出版社，2007．

［25］丁以寿．中国茶道发展史纲要［J］．农业考古，1999（4）：20-25．

［26］陈文华．浅谈唐代茶艺和茶道［J］．农业考古，2012（5）：84-94．

［27］丁以寿．中华茶艺概念诠释［J］．农业考古，2002（2）：139-144．

［28］蔡颖华．论古代茶艺与茶文化［J］．福建广播电视大学学报，2015（4）：23-26．

［29］王绍梅．茶道与茶艺［M］．重庆：重庆大学出版社，2011．

［30］汪根发．中国"现代茶艺学"初探［J］．茶世界，2003（7）．

［31］周爱东，郭雅敏．茶艺赏析［M］．北京：中国纺织出版社，2008．

［32］李伟，李学昌，范晓红．中国茶艺［M］．太原：山西古籍出版社，2006．

［33］慢生活工坊编．闻香识好茶之泡茶有道［M］．杭州：浙江摄影出版社，2015．

［34］杨涌．茶艺服务与管理实务［M］．长沙：东南大学出版社，2012．

［35］罗学亮．中国茶道与茶文化［M］．北京：金盾出版社，2014．

［36］林治．中国茶艺［M］．北京：中华工商联合出版社，2000．

［37］李素芬．茶艺概论［M］．大连：中国海洋大学出版社，2014．

［38］陈文华．茶艺·茶道·茶文化［J］．农业考古，1999（4）：7-14．

［39］陈文华．中国茶艺［M］．南昌：江西教育出版社，2005．

［40］丁以寿．当代中华茶艺发展问题的思考［C］．上海海峡两岸茶艺交流会文集，2004．

［41］林治．中国茶艺的四大特点之一：文质并重，尤重意境［N］．中华合作时报，2012-02-28（B04）．

［42］刘三平．茶艺的艺术性及美感体验［J］．中共成都市委党校学报，2004，11（1）：76-78．

［43］余悦．对中国茶艺几个问题的理解——在日本福冈讲课提纲［J］．农业考古，2011（2）：55-63．

［44］林治．茶艺在功能和表现形式上的分类［N］．中华合作时报，2012-04-10．

［45］刘伟华．茶人名号千万种但说爱茶万般情［J］．农业考古，2014（2）：43-47．

［46］张小霖，刘启贵．再论茶人与茶人精神［J］．农业考古，1994（4）：13-15.

［47］张星海．茶言茶语与做人做事［M］，杭州：浙江工商大学出版社，2011.

［48］鲁明．当代中国茶人的历史责任［J］．农业考古，2001（2）：7-9.

［49］赖功欧．茶人、茶事、茶文化辩证［J］．农业考古，2013（5）：83-86.

［50］李欢．刍议茶道之精神［J］．资治文摘，2010（4）：182-183.

［51］徐馨雅．茶道、茶艺、茶经［M］．北京：中国华侨出版社，2014.

［52］刘启贵．科学饮茶实用知识手册［M］．上海：同济大学出版社，2000.

［53］方雯岚．茶与儒［M］．上海：上海文化出版社，2014.

［54］王维毅．闻道凤凰茶［M］．广州：汕头大学出版社，2013.

［55］《经典读库》编委会．中华传世茶道茶经［M］．南京：江苏美术出版社，2013.

［56］李咏吟．茶的精神与王旭烽的形象化解释［J］．南方文坛，2000（3）：63.

［57］王玲．中国传统茶道精神与新时代茶文化走向［J］．农业考古，1995（2）：88-93.

［58］顾云艳．论陆游的茶诗与茶事［D］．江南大学，2008.

［59］徐桂兰．范增平先生茶艺学述评［J］．广西民族大学学报（哲学社会科学版），2002，24（2）：62-66.

项目策划：张芸艳
责任编辑：张芸艳
责任印制：钱　宬
封面设计：武爱听

图书在版编目（CIP）数据

中国茶文化与茶艺／邹勇文，缪圣桂，艾晓玉主编；赵彤，肖刚，黄光辉副主编. -- 3版. -- 北京：中国旅游出版社，2025.6. -- （中国旅游业普通高等教育应用型规划教材）. -- ISBN 978-7-5032-7578-4

Ⅰ．TS971.21

中国国家版本馆CIP数据核字第20256XQ771号

书　　名：中国茶文化与茶艺（第三版）
主　　编：邹勇文　缪圣桂　艾晓玉
副 主 编：赵　彤　肖　刚　黄光辉
出版发行：中国旅游出版社
（北京静安东里6号　邮编：100028）
http：//www.cttp.net.cn　E-mail：cttp@mct.gov.cn
营销中心电话：010-57377103，010-57377106
读者服务部电话：010-57377107
排　　版：北京旅教文化传播有限公司
经　　销：全国各地新华书店
印　　刷：北京工商事务印刷有限公司
版　　次：2017年5月第1版　2025年6月第3版
印　　次：2025年6月第1次印刷
开　　本：787毫米×1092毫米　1/16
印　　张：9
字　　数：191千
定　　价：48.00元
ＩＳＢＮ　978-7-5032-7578-4

版权所有　翻印必究
如发现质量问题，请直接与营销中心联系调换